方曉嵐　陳紀臨　著

我們兩代人的食經故事

商務印書館

我們兩代人的食經故事

作　　者：方曉嵐　陳紀臨

責任編輯：吳一帆

封面設計：涂　慧

出　　版：商務印書館 (香港) 有限公司

　　　　　香港筲箕灣耀興道 3 號東滙廣場 8 樓

　　　　　http://www.commercialpress.com.hk

發　　行：香港聯合書刊物流有限公司

　　　　　香港新界大埔汀麗路 36 號中華商務印刷大廈 3 字樓

印　　刷：中華商務彩色印刷有限公司

　　　　　香港新界大埔汀麗路 36 號中華商務印刷大廈 14 字樓

版　　次：2019 年 7 月第 1 版第 1 次印刷

　　　　　© 2019 商務印書館 (香港) 有限公司

　　　　　ISBN 978 962 07 5831 7

　　　　　Printed in Hong Kong

目 錄

行走與沉澱

父親「特級校對」陳夢因

父親素描像，畫於父親 1943 年坐火車赴前線採訪時。

父親與母親

父親晚年

父親與我們的大女兒

父親與兩個外孫女

前 言

我的家翁陳夢因

　　時光飛逝，2017 年是我與陳紀臨結婚四十週年，應商務印書館毛永波先生之邀，撰寫我們家的《食經》，誰知又因工作一再拖延，到今天（2019 年）終於出版了。回顧我家兩代人走過的路，凡大半個世紀，兜兜轉轉，原來總是離不開中國烹飪及美食文化，頓感對命運安排的敬畏，更多的是心中無限的感恩。一切的因由，都是從我敬愛的家翁「特級校對」陳夢因開始。

　　我的家翁「特級校對」陳夢因（1910~1997），在上世紀三四十年代，是國內著名的戰地記者，他走遍大江南北，交遊廣闊，嚐盡各地美食，是一位嗜食會煮的食評家，更是中國第一代在報章連載「食經」的專欄作家，也是香港首位將報章專欄文章輯錄成書的作家。家翁的多本著作近年在香港和國內多次出版，書店裏同時銷售着我們陳家兩代人的書，相距大半世紀的時代背景，各自不同的寫作風格，但同樣撰寫飲食文化和烹飪心得，並且都受到市場歡迎，此生於願足矣。

　　家翁識飲識食，性格開朗幽默，常常開玩笑地對三個兒子說，娶老婆不需要挑靚女，要挑個「識字擔泥婆」，意思是要挑個既有文化又要做得捱得的。上世紀七十年代的我在香港電台電視部工作，

有次家翁特意由美國來香港看看這個身材瘦削的未來兒媳婦。記得他約我吃晚飯，正值三號強風訊號，我們在港島希慎道過馬路時，他捉着我的手臂，說我太瘦了，怕我被風吹走，吃飯時他沒有多講及自己，但多次叮囑我不要只顧工作，一定要多吃飯。不久我遠嫁美國，才明白原來嫁入了一個飲食世家，家翁「特級校對」當時已具盛名，只是我這個過埠新娘未知道。自幼從不入廚的我，這才開始在實踐中慢慢學習廚藝，並閱讀和研究家翁所著的十冊《食經》和他其他有關飲食的著作，獲益良多。

家翁在各地嚐盡中外美食，但無論是在美國還是在香港，他最開心的是在家裏宴客。三日一小宴，五日一大宴，大宴之前他必親自擬定菜單，並準備他最拿手的魚翅和海參，其他菜就由我和紀臨負責。每一次宴客，我們兩人都累到筋疲力盡。從那時起，我們夫妻拍檔的廚房生涯就開始了，誰知後來竟成就了我倆的共同興趣和事業。嚴師出高徒，現在才深深理解到家翁的苦心，如今家翁不在了，我們反而希望還能聽到他的諄諄訓示。

上世紀九十年代初，陳紀臨調任 IBM 中國，我們有五年時間居住在北京，每年家翁兩老都會到中國各地旅遊，和我們一起到處品嚐美食，這為家翁的寫作帶來不少新靈感。1996 年紀臨退休回到美國照料年邁的兩老，一年後家翁在加州病逝。

後來我們在中國四個省份投資了四個獨資農場，種植水果蔬菜和養羊，因工作需要，那十年我們大部分時間都在國內。做農業要與天鬥、與地鬥，當然也要與人鬥，投資大，回報慢，工作辛勞，

在承受了水災、旱災、風災、雪災、蟲災之後，特別是經過 2003 年的那場非典，生意受到重創。我生了一場大病，我倆決定逐步放棄所有投資，開始退休生活。雖然損失了不少錢，但在這十年中，我們在國內學習了很多寶貴的經驗，尤其是種植和養植方面，這是絕大多數香港人都沒有的經驗，而我們對食材的認識，也對後來寫文化食譜書的工作幫助很大。

因工作的需要，我們去過或居住過很多不同的地方，跟家翁一樣，對各地的菜式和飲食文化充滿好奇。每到一個地方，工作之餘都要去嚐當地的菜式，以及研究它的做法，回家後立即試做，並用文字記錄下來。三十年下來，我們實在收穫很豐富。退休後，我們整理了家翁留給我們的資料，和我們自己多年來收集的，開了一個小小資料庫，把陳家兩代人的食譜，重新整理並貯存起來，這才發現光是全國各地的食譜就有千多個，而記錄下來的食材種類更不計其數。自此之後，研究中國的飲食文化和烹調技術，就是我倆退休生活的最大樂趣。

受到父親多年的感染，2009 年在出版社萬里機構的鼓勵下，我們開始了寫作事業。在過去的十年中，我們在香港出版了十四本食譜書，在台灣出版了四本。我們的食譜書，寫的都是傳統菜式，沒有花巧，我們只是將陳家兩代人的飲食文化知識、食譜和烹飪心得，毫無保留地寫在書中，步驟和份量都盡量寫得清楚細緻，對於讀者來說，是非常實用的工具書。我們的書與其他市面上的書比較，最大的特點是每本書都有一個鮮明的主題，例如香港菜、客家

菜、江浙菜、潮州菜、杭州菜、粥粉麵飯等等。每次籌劃一本書大約需時半年，我們都要一再到當地搜集菜式和飲食文化資料，並一次又一次地為菜式測試做法、味道和份量，務求盡量達到滿意。我們秉承父親的教誨，用心去做菜，用心去寫作。我們是實體書的作者，每位讀者都是用真金白銀去買我們的書，我們要令讀者看完之後，覺得這本書真的有用，值得這個價錢甚至超值，更有保存下來的價值。對讀者負責，對自己負責，這是我們兩代人的格言。

2014 年我們為北京一間出版社撰寫藝術食譜書，一個偶然的機會，通過她們的引薦，我們認識了世界著名出版社 Phaidon Press，他們這幾年正在出版一個國家食譜系列的書，每個國家只出版一本，介紹該國的地道食譜，並以國家名字命名。Phaidon Press 的國家食譜系列很成功，現已出版了多個國家的食譜，受到全球出版界的關注，並為世界各大圖書館收藏。

Phaidon Press 很重視寫中國這本書，在過去幾年一直在國內外尋找合適的作者。在看過我們在香港出版的書之後，邀請我們撰寫代表中國菜的這本英文書 *China: The Cookbook*。經過差不多兩年的努力，這本書於 2016 年 9 月中出版並作全球發行，今後還將會翻譯成法文、意大利文、中文等多種版本。這本書的英文版有七百二十頁，是一本以文字為主的食譜書，有六百五十個食譜，菜式圖片只有一百多張，介紹中國各地，包括三十多個省、自治區、直轄市和特別行政區的飲食文化和菜式。在與 Phaidon 的合作中，學習到他們對食譜書的撰寫技巧，以及編輯的嚴謹工作態度，使我們獲益良

多。我們有幸能以香港人的身份，撰寫代表中國菜的這一本書，向世界不同國家、不同語言文字的人介紹中國的飲食文化，這是上天給我們陳家最大的恩賜，也是作為香港人的光榮！

四十年多過去了，我覺得自己還不算是家翁心目中合格的「識字擔泥婆」，但家翁留下的珍貴心得，和他老人家二十多年的教誨和指導，使我一生受用不盡。從當年父親的諄諄教導，到今天我們撰寫的書得以走向世界，這就是由「傳承」走向「承傳」的路。在研究中國飲食文化的路上，默默地走着陳家兩代人，我們承接先輩傳下來的飲食文化，把它用文字記錄下來並發揚光大，再傳向下一代，這就是我們理解的「承傳」。

中華民族的食文化，有着五千年的歷史，博大精深，是人民智慧的結晶，飲食文化就像一個大海洋，真是學之不盡。歷史與文化，都是通過文人們用文字記錄下來，而得以保育和發展。我們願盡微薄之力，在餘生繼續學習和研究，把承傳中華飲食文化作為己任，讓世界上更多的人認識中國文化和中國菜。

謹以本書，向我敬愛的家翁、尊敬的啟蒙老師「特級校對」陳夢因先生致敬！

方曉嵐

2019 年春

我的父親陳夢因

　　1945年抗戰勝利，父親帶着全家定居香港。1951至1953年，當父親撰寫及出版《食經》時，他已經做戰地記者、報館編輯至總編輯等工作二十多年了。那時我還是個「九歲狗都憎」的頑皮小男孩，因為天生饞嘴，我自小就喜歡在家裏的廚房轉，有好吃的總有我一份。

　　記得小時候，家裏有一根荔枝木和一個砂盤，家裏需要磨花生醬的時候，我便會自告奮勇，搬一張小凳子，在天井裏用砂盤和荔枝木磨花生醬，當然，試味也是我的責任，那現磨花生醬的香味至今未能忘懷。過年的時候，外婆做傳統過年食品，像油角、角仔、笑口棗等，也總有我在旁轉悠的身影。我對甚麼都很好奇，凡事都想問個究竟，把外婆都煩透了，不過她是最疼愛我這個小幫手的。

　　八歲那一年，終於有機會動手了，那是我的第一次。那天父親在家裏請客，其中的「燒鴨」指派我負責。父親教我把鴨子醃好吊乾，我用長叉把鴨子叉住，在天井裏燒起一個小炭爐，把鴨子在火上不停地轉動。大概半小時後，鴨子皮色明亮，看來應該熟了，我高興地告訴父親鴨子已經燒好了。原來，鴨子皮是脆的，但鴨肉烤得半生不熟。記得當時父親並沒有責罵我，而是耐心地告訴我：「做

菜不是用手來做，是用心來做。」我當時年紀還小，聽了唯唯諾諾，長大後，人生經驗多了，才明白這話真正的含義，也就從此把這話奉為座右銘。

父親任職總編輯的那一段日子，是個大忙人，白天應酬不斷，晚上回報館直到天明，晚晚熬夜，和家人相處的時間很少。記憶中，見父親最多的時間，是父親在週末帶我們兄弟姐妹去飲茶吃點心。我們常去的是中環的大同酒家和金龍酒家，偶然也會吃頓晚飯，地方多數是在灣仔的操記，操記的叉燒和葱油雞做得很好吃，到現在仍然記憶猶新。父親另外一位好朋友是「駱駝牌」暖水壺的老闆梁祖卿先生（我們稱梁伯），他們在上世紀四十年代末就認識了，最早的時候常在中環的環翠閣（中華百貨公司閣樓）喝下午茶，後來更經常各帶家小在旺角彌敦道的瓊華酒家吃晚飯，一起講飲講食。梁伯的飲食知識很豐富，人也很風趣，我們從他那裏聽到很多有趣的故事。我們和梁家的友誼，一直維繫到六十多年後的今天。

1956 年我還不到十四歲，父親便送我到台灣唸高中，傻乎乎地做了兩年僑生，回港再讀到高中畢業，便到美國上大學，直至父親退休的這十一年間，我其實只有一年時間在家裏居住，和父親相聚的時間很少。直至 1967 年父親退休去美國加州定居，我才有機會更深入地了解他。

在美國加州的退休生活，父親並沒有停下來。他每天很早起牀，先泡一壺香濃的鐵觀音，吃一些簡單的早餐，就坐在寫字桌開始寫作。父親家後院旁邊一個小湖，自己有一個小碼頭，風景恬靜而優

美，父親有一隻小艇，閒來就獨自划船到湖中。父親的大木書桌面向小湖，啖一杯茶，靜靜地在那裏寫作，是父親一生的樂事。父親退休後在美國再寫了好幾本書，包括《粵菜溯源錄》、《記者故事》、《鼎鑊雜碎》、《講食集》等，又為《大成》雜誌和《美食世界》撰稿。年紀大了，父親的字越來越潦草，我便成為他的抄稿人（後來曉嵐也分擔了這一任務），把稿子用原稿紙抄一遍才寄去出版社，也是因為抄稿，我現在的中文字還算寫得端正。

除了寫作，父親還結識了多位在三藩市的廚師，包括梁祥師傅，並一同成立了美國西部中菜研究會，經常舉行講座和有關飲食的活動，為推動當地的中菜飲食和技術貢獻力量。

儘管沒有機會完成小學課程，年輕的父親很勤力，全靠在活版印刷廠「執字粒」來看書自學。父親對中國傳統文化情有獨鍾，常常建議人們多讀線裝書，多吸收內中的哲學。作為記者，父親很有急才。有一次，他到日本採訪當時的首相岸信介。當時，朝鮮戰爭剛過去不久，海峽兩岸軍事對峙，台灣海峽風雲變幻，美國第七艦隊在旁虎視眈眈，岸信介問父親：「在這複雜的國際環境，日本應該如何自處？」父親只答了一句：「答案可以從中國的線裝書裏找到。」

我父母親都是樂於助人之輩，這可以從父親上世紀三十年代為了中山縣的羣眾，自告奮勇，單人匹馬深入匪巢，與為患廣東的匪徒談判，解了中山縣被圍這件事看出。另有一件事：上世紀四十年代戰亂時期，很多文化人逃難到廣西，當時薛覺先的粵劇團在桂林，苦無地方演出，大班人馬幾乎斷糧，父親知道後，立即找當地

有勢力人士幫忙，為劇團解決了問題，所以他結識了很多粵劇老倌，還出頭做過戲班班主。

父親任職戰地記者時，有一次他和另外一位記者要往某地採訪，但是亂世中的火車非常擠迫，婦女和年紀較大的人都無法擠上車，父親對同事說：「我還年輕，可以走路到下一個站，就讓其他人上車吧。」結果他倆走到半途，便收到那班火車發生意外的消息，死傷無數。父親說這是上天賜給他人生的第二次機會，於是更堅定了做好事有好報的信念。

抗日戰爭時期父母親帶着我的哥哥、姐姐逃難到桂林，而我就在桂林市的臨桂縣出生，所以取名紀臨。有一天大清早，父親一位姓楊的朋友急急扣門，原來他的母親突然去世了，他沒有錢葬母。當時大家都在逃難，身無餘錢，父親二話不說，從我母親手上脫下了結婚戒指，交給朋友說你拿去變賣了吧。母親後來從不提這事，父親為此愧疚了很長時間，後來買了幾次戒指給母親，母親都只是放在保險箱內。母親說，朋友有通財之義，有能力幫助朋友是很幸福的。父親為人低調，從來不提自己曾幫助人的事情，但他因為工作忙，無暇顧及兒女的事。我妹妹紀新在香港出生，但只有出生証明（出世紙），父親忘記為她申領香港身份證。後來妹妹長大自己拿着出世紙去補領身份證時，因為拿不出其他證明文件，辦事的官員便問上司怎麼處理，上司看到出世紙上我父親的名字，便說：「這個人做了很多好事，給他女兒發身份證吧。」

我家有五兄弟姐妹，我排行第三，兄弟姐妹各一，但只有我一

個喜歡入廚，也多多少少繼承了父親的飲食衣缽。父親退休後和我同住，他不寫作的時候，便喜歡在廚房做他說的「搞三搞四」，比如燉蝦子、發魚翅、燜鮑魚、發海參等，忙得不亦樂乎。家裏的車房便是他的貨倉，掛滿了魚翅、花膠，牆壁的儲物架上放着乾鮑、海參、蝦子等物。上世紀七十年代中，曉嵐嫁入我家，父親認為她是可造之材，便多加指導。從此家中所有請客做菜，便由我們倆負責，父親為此更加感到非常高興，經常三日一小宴，五日一大宴，我們便從這些年的實踐中，學到不少烹調的知識。

時光飛逝，父親已去世多年，他以身作則，留給我們的是為人勇敢樂觀、勤奮謙虛、用心工作的榜樣。他雖生於亂世，年輕時更經歷窮困和戰爭，但依然不斷研究及發揚中華飲食文化。我們今天的成就，離不開父親多年的教誨，他的精神影響了我們的一生。

親愛的父親，感謝您！您是我們的驕傲，下輩子，我還是希望當您的兒子。

願您在天堂安息！

陳紀臨
2019 年春

「特級校對」身邊

酒膽拳風張發奎將軍

凡到沒去過的地方採訪，必先作若干準備，起碼對該地的史、文、政、經及近況稍知一二。至於要訪問的人物，連姓名也未知，就無辦法先作甚麼準備了。

前文說過，採訪並沒有甚麼天書，只好隨機應變。軍政人物，杜康同志不少，有時不妨藉助杯中物，到了酒酣耳熱之際，有意無意間，三言兩語，被訪問的，或會透露一個問題的點滴或重心，由記者自己做解籤的「廟祝公」了。

一九三七年，西線還沒發生戰爭，陝晉各地，卻時有空襲警報，很少躲避。一次在汾陽，發生空襲警報後，躲進一家「酒帘」，藉幾杯汾酒，所欲知而未知的資料，得來全不費功夫。

廣東政壇，杜康同志不少，魂歸天國多年，同袍或友好以「向公」稱之張發奎將軍，就是出名之「酒膽」。

「酒膽」者甚麼酒都不拒，一瓶不嫌少，一罎不覺多。大約六十年前，「向公」在梧州，有過啤酒比賽的一回事。三杯之後，「向公」底天不怕地不怕的廣東精神，表露無遺。不沾涓滴的，若有緣與「向公」同席，也會覺得喝啤酒的樂趣。

「向公」的左右，參謀長李漢冲，副官處長王衡，秘書處之褚曼穌，不是酒筲箕，就是酒中仙的一類人物。

鐵軍大將豪氣干雲

　　吃記者飯逾一個世紀三分一之老拙，當然早已認識「向公」，也曾一而再地，冒充杜康同志，自「向公」口中獲得極為珍貴的新聞資料，其後發現這位高官，很難對付。

　　戰後「向公」返粵任行轅主任，老拙是《星島日報》駐廣州辦事處過河卒，有些新聞，由同事採訪，難得要領，不得不親自出馬。見到「向公」後，把要問的如數家珍地說了。還翻封面有個秘字的文件，再作補充。

　　採訪有了結果，喜不自勝，若依「向公」所說的，寫成新聞，見報以後，社會必為之轟動，回到永安堂——當年辦事處即在該堂三樓——坐了半子時，還寫不出一個字。蓋估計這則新聞內容，對社會的安定，關係太大，如有股市，必定暴跌若干點。老拙更可能失去若干時日的自由，還是其次；予社會以不良的後遺症，更無法預料，思量了兩天，結果還是不寫。

　　人說記者是有聞必錄的，實則是「有聞未必必錄」。這則可轟動社會的新聞，就是聞而不錄。「向公」待老拙以誠，把事件真相詳告，發表後反應，不能不作詳盡的考慮。

煮酒聞話評論得失

　　越好的新聞，冒各種險越大。半世紀前，殖民地記者採訪以致發表的新聞，即使在「戡亂」的日子裏，有天不怕地不怕闖勁的，老拙有可能是其中之一。

　　其他記者，訪「向公」問敏感的問題，是否一樣把事實真相全部

説出來，不得而知。肯詳告老拙，可能在傳媒圈裏的紀錄不差，起碼不是三種「爛仔」之「揸筆爛仔」。

「向公」放下槍桿，老拙放下筆桿，七十年代在美西重逢，請「向公」到蝸居吃青菜豆腐，「向公」説不來如何？老拙敢説不成，這樣沒禮貌的話，恃在「向公」與老拙，揸槍與揸筆的年代，關係不錯。

若干年前，美國中文報刊出「向公」仙逝消息，頗不自在，終於寫了一篇「我説向公張大王」，刊於《星島日報》，藉表敬悼。

「向公」與曾任粵省主席之李漢魂將軍，先後在美東一大學，留下珍貴史實，但望早日印行，是治近代史最好的資料。

陳濟棠主粵省兵符時，空軍大隊長謝莽、褟曼穌，「向公」與老拙一次在舊金山唐人街吃飯，閒聊及於當年粵政。

帶兵官「身先士卒」，「向公」正是這種人：作急行軍時，全體汗流浹背，坐在馬上之「向公」，也下馬而行，與將士同甘苦，這是客家精神之一。偶爾閒聊及於打仗怕不怕死，「向公」説，沒有人不怕死，但子彈也有眼睛，怕死的先死，不怕死的，又會逢凶化吉，如上陣作戰，必先有不怕死的勇氣。

為證實子彈也有眼睛，「向公」曾展示若干「帶花」——受傷隱稱——烙印，如中及心臟與頭部，作古人久矣。

「放下槍桿」後，嘗問「向公」：如再被徵召入伍，還幹不幹？「向公」説：「日新月異之火器名稱也不懂，難道逾耳順之年，須學好英語，再進像美國西點一類的軍校？」真人不説假話，其為「大王」張發奎將軍歟？

　　　　　　　　　　　　　　　　　　《講食集》文字摘錄

父親在他 1992 年重整出版的《記者故事》中，提及眾多抗日戰爭時期的著名人物，這些都是他在當年做戰地記者時採訪過的人，他們曾一起經歷過無數的風雲歲月，而戰後就成為了好朋友。

其中有張發奎將軍，父親與他是生死之交，一眾好友都稱他為「向公」，我們作為晚輩叫他作張叔叔。張發奎將軍是國民黨抗日名將，但他沒有隨蔣介石去台灣，而是選擇和家人住在香港，生活低調。他上世紀七十年代經常到美國探望老友，每到美西灣區，必定到父親家飯聚。一個戰後放下槍桿，一個退休放下筆桿，煮酒閒話，笑談當年戰爭軼事。

張叔叔是抗日名將，策馬帶兵，身先士卒，但其實他的個子不高，體形短小精幹。他是我們廣東老鄉，父親與他講廣東話，特別親切。宴請張叔叔，全席廣東粵菜，父親必親自提早發好魚翅和豬婆參，我和曉嵐則包攬「後鑊」。當年父親家宴客的慣例，由兒媳婦負責掌勺，不設席位，菜式上桌的先後次序不能錯，大小事全逃不過老爺子法眼。到了最後快要散席，還要叫出二嫂（曉嵐），當眾把菜式點評一番。客人之中，張叔叔最為體貼，很快就會開腔打圓場，說道：「你老就不要為難二少奶了！」大家一哄而笑，曉嵐最為感激，可以鬆一口氣了。

如今兩位老爺子已先後仙遊，願他倆在天上開心快樂，再續美食與杜康之約！

—紀臨—

張大千與「蜜汁火方」

　　家翁「特級校對」陳夢因先生，與張大千先生是多年好友，1971 年 6 月 27 日，外子紀臨有幸陪同父親，應大千先生之邀，到他在美國加州嘉米爾（Carmel）的別墅「可以居」晚宴，同桌還有陶鵬飛夫婦、侯北人夫婦和方召麐女士。大千先生當場即興，寫下當晚的菜單贈與父親，現存在我們美國加州的家中。在此次宴會的十年後，1981 年，大千先生在台北士林區他自己設計的「摩耶精舍」中，宴請好朋友張學良先生和張羣先生，當晚菜式與我家收藏的菜單基本相同，菜單為張學良後人所珍藏。

　　大千先生是一個很風趣的人，席間無所不談，講到當年四川盜匪橫行，他說我也曾當過土匪，這話一出，馬上語驚四座。原來當時四川有很多綁匪，特別喜歡綁票小孩子，因為父母心疼兒女，大部分都願意交付贖金。在大千先生六七歲的時候，有一次他在山中被綁匪抓去，關在山寨裏，同時關着還有幾個小孩。因為抓來的小孩有來自富家的，也有貧窮人家的孩子，綁匪有一套分辨貧富的方法，就是蒸一條魚讓小孩們吃，吃魚面肉的孩子家裏肯定是富貴人家，吃魚腩的又次一些，只吃魚肉的一定是窮家孩子。綁匪會根據孩子的吃魚習慣決定收多少贖金，窮家孩子就被撕票。大千先生家貧，正要被撕票的時候，綁匪發現他唸過幾年私塾，會寫字，就把

他留下來當會計，處理得來的贖金。幾個月後，官軍成功剿滅匪徒，把大千先生和其他小孩子救了出來，這才有了後來的大畫家。

那天在「可以居」宴客的菜是：相邀、水爆烏鰂、宮保雞丁、口蘑乳餅、乾燒鰉翅、酒蒸鴨、葱燒烏參、錦城四喜、素燴、水舖牛肉、蜜南、西瓜盅。除了乾燒鰉翅的材料較貴外，其他的都採用了普通的食材。大千先生是出名的美食家，而在家宴客時，却往往在平凡的菜式中，給客人帶來非凡的驚喜。

「乾燒鰉翅」是大千先生最愛吃的大菜，鱘鰉翅的翅針粗壯，在各類魚翅中屬上上品，現在已難得一見。大千家的乾燒鱘鰉翅，份量很大，而且必定是用肥豬肉（豬板油）包住翅針來蒸，經煮、蒸、燴、煨十多小時後，翅的顏色透明鮮亮，口感軟糯而爽口，其細膩的做法，是經大千先生親自研究及改良得最多的菜式。

而菜單中的「相邀」，是一道湯菜，材料有海味、冬菇、豬肉、菜乾和時令蔬菜，其實就是一盆平常的大雜燴。1963 年，大千先生的長女張心瑞，從大陸到巴西探望父親，大千先生特為她設生日宴，把這道大雜燴命名為「相邀」，寓意親友相邀，歡慶聚首，從此之後，這道「相邀」便經常列入大千先生宴客的菜單中。

大千先生的晚宴無疑是一頓難得的美食盛宴。時隔多年，紀臨對當年的記憶已經模糊了，惟最有印象的是那道「蜜南」，那是因為當時一段小插曲，使他至今不能忘懷。晚宴後，張夫人問紀臨，當天的食物怎樣，是否合口味，少不更事的紀臨，當時只想到這道「蜜南」，便回答說：「有一點鹹！」這件笨拙的事，使紀臨後來都一直

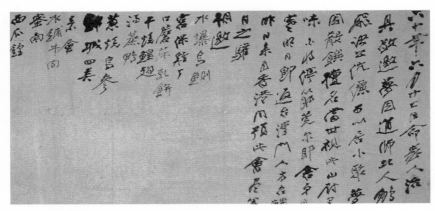

張大千宴客菜單

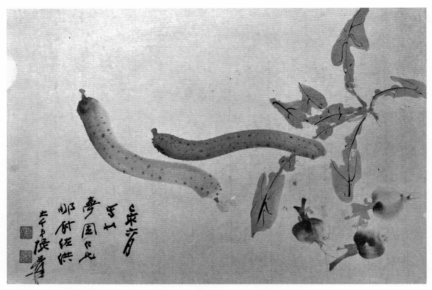

張大千畫的青瓜和石榴

蜜汁火方
取自「陳家廚坊」系列之《請客吃飯》

耿耿於懷。上世紀七十年代，我這個有一半浙江人血統的媳婦嫁入陳家，也帶來了家傳的江浙菜，我夫婦倆便下決心做好這道金華火腿的名菜，經多番改良，蜜汁火方成為我們陳家的宴客大菜之一。

「蜜南」就是蜜餞南腿，傳統中國火腿，分為宣腿、北腿和南腿，南腿就是金華火腿。「蜜南」這個菜又稱為「蜜汁火方」，一大方塊的金華火腿，用蜜汁燉得酥爛，儘管有點鹹，但卻甘腴可口，別有風味。傳統的古法「蜜汁火方」，就像一塊晶瑩的壽山石，造型高貴，甘腴蜜味，是款待客人的大菜。做這道菜重點是選料要精，只用一隻火腿最好的部分「上肪」，肥瘦比例恰當。我們做這道菜，秘訣是要分兩次燉，第一次燉一小時的作用是用冰糖水把鹹味逼出，然後把汁水倒掉，換上紹興酒和冰糖，再燉四至五小時，把火腿燉至酥爛。這樣做就可以避免火腿的味道過鹹。

今天在香港，不少外省菜館都會有「蜜汁火方」這一道菜，可是大多數都是薄薄的幾片火腿，加上蜜糖，蒸製而成，極為取巧，亦難以理解何謂「火方」。老行家和食客們都嗟歎，不見真正的蜜汁火方久矣。

—曉嵐—

大千家吃川菜之後話

　　某年，某香港豪門母女到三藩市，她們與大千先生是舊友，但闊別多年，遂要求父親陪她們到大千先生的「可以居」，父親知其目的在向大千先生索畫。父親直言：「訪舊的美意可感，索畫則不宜，何況是豪門？應該買畫才是。」

　　原約好後一天去，又因事提早了一天。午飯後開車到「可以居」，已是下午三時，豪門母女與大千先生寒暄敘舊，繼而參觀大千先生手植花卉及畫室，已近晚飯時候，主人也沒有表示會送畫給訪客。

　　由於提早了一天，來不及準備佳餚待客，吃的雖然是家常菜，也十分精美。上第二道菜，父親說道：「這不是可以居的菜，誰做的？」大千先生極為高興，大聲叫好，知道瞞不過父親屬害的舌尖，於是命兒子保羅到廚房請出廚師。一見此人，正是川菜館在香港的開山祖師，初在鑽石山開川菜館，繼而在銅鑼灣的新寧招待所任主廚的陳建民，也曾在大千公館主理過廚政。當日陳建民正好造訪大千先生，知道父親晚上會帶客前來，故親自入廚，想給父親一個驚喜，看父親能否吃得出是他做的菜。豪門母女未能索畫，卻也吃上了一頓好菜。

　　陳建民離開香港後，去了日本發展，上電視，出版川菜食譜，

廣收門徒，如今日本「中華料理」的男女主廚，多數是陳建民的高徒和徒孫。父親說陳建民在日本「發到唔清唔楚」，但陳的性格像《水滸傳》裏的宋公明般仗義疏財，所以朋友遍天下。父親與他相識在上世紀四十年代，共同的朋友是 1939 年同進《星島日報》的四川才子傅鏡冰，父親筆下的《食經》，有關川菜的資料，多由這兩位老友提供。

父親說上世紀四十年代，陳建民的拿手好戲是「蒸肝膏」和「樟茶鴨」，而香港的「擔擔麵」和「紅油抄手」的改良版也是陳建民弄出來的。

陳建民 1990 年在日本去世，上千廚師白衣送殯，場面壯觀，傳為佳話。長子陳建一繼承父業成為掌門人，一味「麻婆豆腐」紅遍扶桑。上世紀九十年代，日本有個很成功的電視節目「日本鐵人料理」，陳建一贏得大獎，人氣更急速提升，旺到海外。

2018 年，我們和許凡、蘭明路等幾位國內川菜大師一起到東京，陳建一設宴款待。席中盡上好菜，手藝不失為大師所傳，當然也有首本名菜「麻婆豆腐」，用的是由中國進口的四川郫縣豆瓣醬。宴後，主人請我們對他的菜作出點評，面對多位川菜大師，要當面點評確實令我們有些尷尬。後來靈機一動，決定用一個「和」字作主題，從中庸談到中國養生之道，而帶出中國菜無論從材料的選購、香料的運用、烹調的技術到成菜的味道無不注重一個「和」字，而主人高超的勾芡技術，把麻婆豆腐的材料和味道緊緊地混合，達到了「和」的境界。我們的點評得到各位大師的認同，結果是皆大歡喜，賓主盡歡。

—紀臨—

孫乾與客家蒸鹹鵝

　　父親是上世紀三四十年代著名的戰地記者，他的足跡幾乎遍及全國，朋友更是遍天下。1992 年父親把很多的回憶，集成了《記者故事》在香港出版，書中的人物均已作古，而這本書的文圖，為後人記錄了不少珍貴的歷史資料。

　　《記者故事》中這樣寫孫乾：「曾在意大利學兵之孫乾⋯⋯上了難得的一課，這是自製的『聞』，當時沒『錄』。後來的港記『模範縣訪問團』，倒是必『錄』的『聞』。」

　　孫乾是我父母親結婚的證婚人，交情深厚。這是在 1938 年，孫乾是中山縣長，當時中山縣被山賊圍困，居民惶恐終日，剛好我父母親在中山，孫乾便向父親請教如何退賊。父親見慣黑白兩道之事，也曾為平定廣東治安與江湖人物交手。他膽氣過人，一身長衫上山去，山大王見他獨自上山，很是驚訝，心想此人竟然不怕死，心中有了三分敬重。經父親三寸不爛之舌曉以大義，竟與山大王很快就稱兄道弟，杯酒言歡。山大王答應解除中山縣的圍困，並承諾只要孫乾一日為縣長，山賊永不侵犯，於是中山縣就成了當年的無賊之模範縣了。

　　父親下山後，第一件告訴母親的，不是他如何威風退賊，而是在賊穴吃到的美酒美食，其中就有一味客家蒸鹹鵝。父親大讚這道

菜簡單、粗野、鮮美、原汁原味。蒸一隻鵝，動輒八至十斤，家中的鑊也不夠大，記得小時候父親曾試用鴨代替鵝，但他始終覺得比不上當日在賊穴中所吃的美味，引為遺憾之事。

客家蒸鹹鵝
照片來自冲菜

　　我們近年偶然在朋友飯局中吃到一碟客家蒸鹹鵝，立刻勾起了很多回憶，並讓弟子葉冲在他的私房菜中做起來，後來這道菜成為冲菜的名菜。事緣始末，還是要多謝我們那位義薄雲天，敢為朋友兩肋插刀的父親！

—紀臨—

我的父親與李鴻

　　小時候，在家中相簿看到一張照片，是一位中國軍人拿着獵槍，坐在一家破房子前的石階上。軍人穿的是國民黨軍服，滿臉英氣，母親說他叫李鴻，是父親的一位好朋友，為人斯文有禮，是一位儒將。李鴻當時是新一軍第三十八師的師長，是孫立人軍長的部下，在緬甸作戰，驍勇善戰，屢立戰功。父親《記者故事》寫道：「遠征緬甸初，李鴻不過卅八師一團長，在仁安羌之役，以寡敵眾，負責攻堅戰——做最好防禦，誘敵攻擊。當時仁安羌之日軍，為舉世公認第一流戰鬥水準之近衞師團，李團長率領之步兵團，竟建奇功，救出被圍英軍七千多人，李鴻將軍之名，由是遠播全球。後升卅八師師長。」

1946 年李鴻在松花江畔永吉狩獵留影

　　日軍投降後，李師長調防廣州，路經廣西貴縣，當時我們家在桂林，父親便坐單車尾到貴縣，遞上《大光報》駐桂特派員的名片求見，結果和李師長一見如故，傾談

甚歡，成為好朋友，並獲邀隨軍坐船去廣州。在船上，李師長要求父親改穿無領章的軍裝，冒充軍人，免得礙眼。到了廣州，李師長進駐沙面，安排父親住他的樓上，後來更在長堤的愛羣酒店為他設立一個臨時辦公室，又派一司機和吉普車，供父親使用，這個情況維持到父親 1945 年 9 月舉家搬回香港。1946 年李師長奉命調往東北，經九龍坐船往東北，臨走前在香港約父親見面，並在九龍深水埗駐軍營前和我雙親合照了一張照片。這是父母親最後一次見到李師長，而我在家中相簿看到的李師長照片是他到了吉林後寄給父親的，只可惜因年代久遠，照片已模糊不清。

1946 年李鴻與我父母親在深水埗駐軍營前合照

1946 年國共內戰，李師長帶領新一軍第三十八師參加了第二次四平會戰，成功保住四平，後來他調防長春，為新七軍軍長。解放軍由 1948 年四月開始對長春進行圍城打援，把長春圍得水泄不通。到了 10 月 16 日，錦州失守，斷了國民黨援軍北上之路，在城中缺糧、外無援軍的情況下，司令鄭洞國及下屬軍團放下武器向解放軍投降，李鴻當時正患傷寒，也在投降之列。1949 年李鴻獲釋放，先回湖南原籍，後因應老長官孫立人之召，在 1950 年帶同夫人經香港去台灣。未幾，遭蔣介石以匪諜罪立案拘捕，後來更被捲入孫立人案，儘管李鴻從不認罪，但在沒有充分證據的情況下還是被判了無期徒刑，直到蔣介石死後，才獲減刑至二十五年，在 1975 年獲釋放。1987 年李鴻在家中風癱瘓，到 1988 年不治。

　　縱觀李鴻的戎馬一生，建功立業無數，尤其在緬甸，和日軍作戰每戰必勝，獲英女皇頒發金十字勳章，又接受了美國政府授予的銀星勳章，被盟軍的傳媒稱為「東方蒙哥馬利」。一代抗日名將，最後卻在台灣蒙冤數十載，結局令人唏噓。

　　父親知道李鴻蒙難，非常掛念這位老朋友，曾多次乘着去台灣公幹之便，想去獄中探望李鴻，但卻都被朋友勸止，說若去看他反而會害了他，只好作罷。父親為此事耿耿於懷，每每說起李鴻，都慨歎不已。

—紀臨—

海峽尋親記

　　上世紀八十年代初，父母親兩老由北京坐火車到東北旅遊，那時候坐的還是舊式火車，由北京到長春，需要多個小時。火車對面的卡座，坐了一位中年人，大家聊起來，原來這位男士叫作梁金城，是長春汽車工具廠的管理人員，他到北京公幹，現在回家的路上。

　　那時剛剛改革開放，海外華僑到國內旅遊的不多，尤其是在東北。閒聊之中，梁金城聽到父親是由海外回國旅遊，以前更是戰地記者，便向父親提出一個請求，為他尋找在台灣的母親。原來梁金城的父親是國民黨軍人，在 1949 年隨軍隊去了台灣，母親也一起去了，留下幼年的孩子在長春，本以為一年半載可以回家，誰知一去幾十年。起初的時候，還曾託人帶信回家，後來就徹底失散了。梁金城長大後，知道父母的最後消息，只是梁父已不在了，梁母在台灣糖業股份有限公司（台糖）做工人。

　　上世紀八十年代初，海峽兩岸仍未能通信，兩岸人民不准交往。梁金城很想念母親，便請求我父親幫忙尋親，父親一口答應，記下了人名資料，回到香港便立刻進行。

　　對於此事，父親是有些把握的。他有位好朋友劉世達先生，當年上海的糖廠遷往台北，劉世達一直擔當董事。父親認識劉氏逾半個世紀，上世紀三十年代初，父親當記者時，劉世達已是國民黨在

港澳青年團發號施令的人物，也是宣傳抗日的報刊《立言報》的掛牌董事長，劉世達戰後不再問政而從商。父親與劉世達算得上是同為報人，兩人交稱莫逆。

事情進展順利，很快就找到了梁母。父親先安排母子二人通信，雙方的郵寄地址便是我們香港的家。跟着，便安排母子二人在香港見面，經過幾十年的分離，見面時雙方激動不已，我們作為旁人，也深受感動。可惜相聚幾天，母子就要各自回家，長春和台北，天各一方。

1987 年 11 月，台灣容許老兵回國探親，自此海峽兩岸開始有了交流。時至今日，兩岸通航，人民自由來往，想起當日梁氏母子相見之轉折艱難，不禁唏噓。

—紀臨—

傳統和新味

雞子戈渣

　　「八珍豆腐」流行以前，廣州菜的「雞子戈渣」看來同「八珍豆腐」差不多，且曾是江孔殷的「太史第」名菜之一。

　　「雞子戈渣」的雞子並不是雞蛋，而是「一鳴天下白」的公雞，做太監前「淨身」時從體內取出的腰子，把腰子的薄衣去了，加進其他作料弄成糕後，切成像骨牌的形狀，再蘸乾粉炸之至焦黃，是外脆裏嫩的美味食物。

　　一個九寸碟的「雞子戈渣」，要用超過二十隻公雞的腰子弄成，作料成本不廉宜，沒味道的腰子弄成好味，要靠很濃的鮮汁。東洋的味精沒有輸入中國，和中國人不懂得製造味精以前，用肉類弄成的很濃的鮮汁，要花不少錢，故就工料說，「雞子戈渣」在清末民初成為席上珍品，不無道理。

大男人主義的恩物

　　還有皇帝管治的時代，官宦與豪門視姬妾滿堂為理所當然。為了「公關」的目的，還有「送妾」這回事。為了自娛和娛姬妾，大男人主義時代的大男人，不得不在食物藥品方面尋求在閨房裏邊稱王道霸之方。「雞子戈渣」所以成為名菜，工料的分數之外，佔最多分的是據說常吃多吃「雞子戈渣」可「夕御數女」。這種既富荷爾蒙，也多膽固

醇的熱葷，權貴豪門吃得眉開眼笑，口腹之慾而外，還使閨房裏邊增加歡娛。

雞腰在舊金山是買不到的，但食補的流風餘韻也傳到金山，十多年前，有人弄「雞子戈渣」請客。如果有像上述很多雞子做的補菜，被請的客人願意陪末席的會佔大多數。

「雞子戈渣」後半部是炸的做法，粵語本該叫作「鍋炸雞子」或「雞子鍋炸」的，原是江孔殷的「太史第」名菜之一。大概是滿人或不懂粵語的外省人吃過「雞子鍋炸」，廣州人誤為「戈渣」，後來菜館寫菜單的也寫了「雞子戈渣」。但粵語沒有「戈渣」一詞，也沒「戈渣」這種食物。

特級校對《鼎鼐雜碎》摘文

家翁在《鼎鼐雜碎》中說的「雞子鍋炸」，廣州人讀為「戈渣」，後來菜館寫菜單的也寫了「雞子戈渣」，這是民國名菜，並非粵菜，更非江太史府獨有。我為此菜名的來由曾向怡東軒的主廚解釋過，但他們仍稱之為「戈渣」。

「雞子鍋炸」原是山東魯菜，相傳曾是接待皇室貴冑的孔府菜名菜之一。「鍋炸」本身是魯菜中的一種傳統的烹飪技巧，也只有自古就遵循孔子「食不厭精，膾不厭細」遺訓的山東廚師，才想得出這樣講究而製作複雜的菜式。最早的「鍋炸」用料並不只限於雞子，因為傳說中雞子有壯陽功效，當然最受歡迎。明朝時期，由南京遷都到北京，南京的魯菜御廚北上成為後來北京菜的主要基礎，「鍋炸」的

菜式也被引入京城，再由達官貴人的家廚承傳開來，後來在清朝再由京廚帶到對外五口通商的廣州，所以，「雞子鍋炸」並非傳統粵菜。

正如家翁文中所述：「一個九寸碟的『雞子戈渣』，要用超過二十隻公雞的腰子弄成」，所以後來清朝滅亡後，達官貴人四散，像「雞子戈渣」如此精做的富貴菜式，便在民國後期逐漸消失，在北方魯菜廚師的地頭，此菜也鮮有承傳下來。

家翁在他的著作《粵菜溯源錄》中寫道：「有一個時期，中國軍政中心南移廣州，也刺激這裏的飲食業蓬勃發展，不僅資產階級的飲食鑽牛角尖，而代理洋捲煙，年入逾廿萬銀毫之江孔殷太史，可說是代表人物之一。」這講的是民國時期的事，家財萬貫的美食家前清翰林江太史，他很喜歡吃「雞子鍋炸」，因為他們家廚做得好，後來這道菜成為了太史第的私房名菜。傳說中，雞子能壯陽，江太史有十二房妻妾，也不無道理。江獻珠告訴父親，江太史去世時，她只是小孩子，江家在日軍侵華時避難香港，家道中落，膾炙人口的太史家大菜已難以在飯桌上出現，她當然也未吃過太史第的「雞子鍋炸」，是長大後從眾位祖母和母親的口中知道的。

記得是在上世紀七十年代的一天，江獻珠來父親家做客，我們也在場。她與父親談起父親在《鼎鼐雜碎》中寫的「雞子鍋炸」。父親年輕時已是著名的記者，在廣州嚐盡美食，當然有吃過「雞子鍋炸」，既吃過太史第家廚做的，也有其他大酒家做的，所以後來更寫入《鼎鼐雜碎》中。之前江獻珠的做法是按照名廚陳榮的食譜來做，但經多番改良，她病中的母親硬是覺得口感不對，於是便來我們家

與父親研究了半天。不久之後，她覺得做得滿意了，還特意請父親去她家吃飯品嚐。

所幸的是，江太史孫女江獻珠女士將做法重現及記錄下來，以保當年的名菜不至失傳，去年香港怡東軒把雞子改為海膽，更是有驚喜的高招。

無論叫「鍋炸」還是「戈渣」，能傳承下來的就是好！

──曉嵐──

春鯿秋鯉夏三黧

廣東有諺語：「春鯿秋鯉夏三黧」，春天吃魚鮮當以鯿魚為上品。

提起了鯿魚，又想到過去以魚喻人的一個笑話，說鯿魚是姨太太，鹹魚是太太，金魚是媳婦，土鯪魚是梳起不嫁的，即替人家洗衣煮飯的媽姐。因為鯿魚豎起來看似小，平放下來卻很大。鹹魚是天天吃到的家常菜。金魚看來很美，卻不中吃。土鯪魚味道甚鮮，但吃時容易「骨梗在喉」。

鯿魚是春天魚鮮的上品，我在「人日」吃到的一尾鯿魚，卻未見有何好處。原來是新界半鹹淡漁塘所養，雖算是塘鯿，卻不及純淡水

的塘鯿好吃，遑論河鯿了。最佳的河鯿魚身較扁，身厚者為母魚，鱗白肉白，味鮮清而滑。本港常見的魚身較厚，鱗黑肉微灰，不夠滑，味也不夠鮮。竊以為在香港吃鯿魚，還不如吃一尾夠肥的土鯪魚，雖容易「骨梗在喉」，鮮味卻比鯿魚佳。

特級校對《食經》摘文

鯿魚是淡水魚，宋朝明朝時又稱為邊魚，有古詩為證，並非只是香港市場的俗稱。邊魚雖然多刺，但脂肪甚豐，味道鮮美，口感嫩滑。廣東諺語說「春鯿秋鯉夏三鰲」，春節前後，邊魚更是肥美。現在市場上買到的邊魚都是養殖魚，一年四季都買到活魚，價錢也不貴。我家吃魚不怕魚骨多，特別喜歡吃肥嘟嘟的邊魚，每次我們到菜市場買邊魚，一定要挑最大最肥的買，細條的邊魚脂肪不夠，肉質不夠滑。家裏吃飯的人少，蒸一條大邊魚，只吃掉最肥美的魚腩及魚邊，感覺已值回票價，多骨的部分也就乾脆不要了。

武昌魚是長江流域的鯿魚，毛澤東上世紀五十年代的詩詞〈水調歌頭〉中的：「才飲長江水，又食武昌魚」，大大提高了武昌魚的知名度。武昌魚與香港的邊魚基本上都是鯿魚，聽說其分別是武昌魚有十三根半魚刺，而邊魚有十三根魚刺。武昌魚是江鯿，保留了鯿魚迴游的天性，小魚由長江向東游，秋冬時又回到湖北省武昌的樊口附近過冬，可能因為武昌魚是游泳健將，於是比邊魚多了半根魚刺（一笑！）。

到了初春，武昌魚已長得很肥美，魚鱗也由銀灰色變成銀白色，

相信毛澤東當年就是吃這種野生的銀白色武昌魚。當然，現在的湖北武昌魚，大多數都是養殖魚，近年長江水質污染，真正野生的武昌魚越來越少，惟筆者有幸在浙江富春江畔的桐廬，受當地朋友特意招待，吃過一條十一斤重的富春江野生鯿魚，果真是美味無窮，令人念念不忘。而我們常吃的都是廣東省出產的塘鯿，鯿魚「終生」呆在魚塘中長大，所以無論春夏秋冬，魚鱗都是銀黑色的，味道雖然鮮美，但始終遠不及河鯿、江鯿的清甜嫩滑。

武昌魚之名，並非因毛澤東而起。三國時候，武昌樊口是吳國造船的地方，有次吳國有新船下水，吳王孫權為此設宴，收集附近的漁民送來的各種魚。其中有一打魚老頭，送來一尾鯿魚，孫權大讚好

三欖蒸鯿魚
取自「陳家廚坊」系列之《真味香港菜》

吃，賞了一碗好酒給老頭，問老頭這是甚麼魚，老頭回答說：「此魚名鯿魚，生於梁湖，每年趁春天湖水大漲，它便經游九十九里長港，繞九十九個灣，穿越九十九道網，才來到樊口水域。這裏的水是清水渾水交匯，鯿魚清水渾水兼喝而吐，七日七夜之後，黑鱗變白鱗，瘦腸變成了肥腸，所以味道特別甘腴鮮美。」孫權大喜，又再賞了老頭一碗酒。老頭接着說：「此魚不但肉質鮮美，魚骨煮湯還可以解酒。」孫權正好喝多了酒，已有醉意，即命人用鯿魚骨煮水成湯。魚骨湯煮好，孫權趁熱喝了一碗，果然覺得精神一振，醉意全消。孫權十分興奮，舉杯對席中大臣說：「上天賜我東吳有如此好的武昌魚！大家再乾幾杯！」從此以後，當地的鯿魚，就被吳王孫權命名為「武昌魚」。

　　湖北的武昌魚，魚肉嫩滑，脂肪入口即溶，果真是名不虛傳。清代著名文學家袁枚所著的《隨園食單》中說：「邊魚活者，加酒、秋油蒸之，玉色為度。一作呆白色，則肉老而味變矣。并須蓋好，不可受鍋蓋上之水氣。臨起加香蕈、筍尖，或用酒煎亦佳。用酒不用水，號假鯯魚」，他說的加冬菇絲和嫩筍蒸的鯿魚，正是武漢清蒸武昌魚的做法。

　　香港人吃邊魚多為清蒸，我們寫的「陳家廚坊」烹飪書系列中的《真味香港菜》一書，就有介紹一道「三欖蒸邊魚」，三欖即欖角、欖菜、橄欖油，為清蒸魚提升了鮮味，增加了甘香，此菜式美味又健康。後來我們蒸邊魚的時候，只用父親始創的甘草陳皮欖角，再加上幾個剁碎了的四川泡椒，味道非常鮮美，各位不如快快趁初春季節，多吃幾條肥美邊魚吧。

—曉嵐—

桂林的四季圓

談起了「白老總雞」，又想另一個桂林人請客常見的菜「四季圓」。

桂林人稱作「四季圓」的，其他的地方也有，不過不叫「四季圓」，江浙人稱為「獅子頭」，惟所用作料和做法稍有不同。桂林的「四季圓」亦煎亦炒，做得好的，香、鬆、腍滑而不膩，牙齒不大健全的人，「四季圓」是可口的菜。

作料是半肥瘦豬肉，瘦佔三分二，肥佔三分一，蝦米、葱、冬菇、雞蛋和海參。

方法是先將海參浸透備用。蝦米洗淨浸透，以古月粉、薑汁、酒稍醃，切成小粒，葱和冬菇、肥瘦豬肉也切成小粒。各項作料備妥，加入鹽和雞蛋白拌勻，搓拍成四個球形，放在鑊裏煎熟，再盛在燉器裏，將已浸透的海參張開，每個肉球蓋上一塊海參，燉至海參夠腍，再將燉器裏的原汁打「紅饙」，淋上即成。

特級校對《食經》摘文

廣西桂林，是父母親在抗日戰爭時期，帶着全家逃難的地方，我更是在桂林市的臨桂縣出生。那是全國人民最屈辱、最困難的日子，父母親對此念念不忘。父親每每在席中見到大肉丸，就會說起桂林四季圓的故事，明明吃的是獅子頭，在他眼中仍是廣西的四季圓。

上世紀七十年代，父母親在美國居住，經常在家中宴客，我夫婦照例負責下廚。有一次，按本來的菜單是做紅燒獅子頭，卻忘記了買上海青（小棠菜），如果做紅燒獅子頭而不伴以上海青，會又不太像樣。曉嵐往飯廳探頭一看，見父親和老朋友們已在飯桌上大喝白蘭地，於是她突發奇想，把本來要做獅子頭的豬肉和蝦，再加入些霉香鹹魚調味，捏成了小丸子再炸香上桌，作為先上的一道下酒菜，客人大讚好吃。客人問：「二嫂，這是甚麼菜？」我隨口回答：「黃金丸子。」父親聞言嘿嘿笑了，其實他心裏是覺得這主意不錯，更難得的是二嫂頭腦轉得這麼快！於是後來陳家就有了「黃金丸子」這道下酒菜，而父親也從此沒有再提及四季圓了。

——紀臨——

黃金丸子
取自「陳家廚坊」系列之《真味香港菜》

炒桂花翅

炒桂花翅普通是用散翅，每兩翅用一隻雞蛋炒。配料是芽菜、蟹肉絲、火腿絲，但切不可用叉燒，因為大多數叉燒都染有顏色，炒起來魚翅有色就不好看了。方法是先煨魚翅，炒時要分次灑以上湯，等翅身吸入足量上湯後，方加入配料同炒。先將翅身用上湯煨過，炒起來鮮味更佳。炒桂花翅的雞蛋破開後用筷子打匀，到最後才加進鑊裏炒。不用加饌，也不能有汁。

特級校對《食經》摘文

某日炎熱的下午，老爺子手持白蘭地杯，瞇着眼慢條斯理地對我說：今晚想食炒桂花翅。我回過神來，笑着對他說：真桂花翅就沒有了，假的桂花翅就可以炒一盤。其實老爺子明知家中沒有發好的散翅，只是童心未泯，在與我開玩笑，試試我的應對本領。

家翁常說：沒有材料，沒法做；材料不好，任你是大廚高手，也不會做得好；真正的廚房巧婦，就會靈活變通，餐館中材料齊備而「就手」，很多廚師反而不思變通。家翁的《食經》裏有炒桂花翅一菜，做法難度不高，惟需要用真正的魚翅，準備的工作較為繁瑣。炒桂花翅是一個很體面的菜式，但是巧婦難為無米炊，沒有發好的散翅就做不了。

平民版炒桂花翅
取自「陳家廚坊」系列之《真味香港菜》

　　假桂花翅，就是用粉絲代替魚翅，我們稱為平民版的炒桂花翅，是老少咸宜的一道好菜。用粉絲替代魚翅有一個主要的問題，就是如果粉絲太爛，容易斷，炒起來變成粉絲碎，不像魚翅，所以要盡量用不易炒爛的粉絲，我會選用市場上散裝的馬尾粉絲，用雞湯浸半小時即撈起瀝乾，再切成適合的長度。無論是真的炒桂花翅或是平民版的粉絲炒桂花翅，要炒得乾身才算合格，吃完後碟子上應該沒有油和水，所以炒假桂花翅亦需要技巧。秘訣是炒粉絲時用雙手各持一副筷子一起來炒，不能用鑊鏟，還要一邊炒一邊下蛋液，並逐少加入水或雞湯，不斷翻炒至乾身。老爺子再刁鑽，也就無話可說了。

——曉嵐——

福山燒豬

　　很少人注意到，香港菜其實深受粵西以至瓊州海峽兩岸的影響，而當時的粵西，是包括了海南島。瓊州海峽北岸的湛江市，古稱「廣州灣」，是南絲綢之路的口岸，大半個世紀以前的湛江，是一個比當時的香港更發達的城市，故後來老字號有「粵港澳湛」之說，以示生意版圖之大。

　　廣州灣以至海南島，海岸線長，物產豐富，人們喜愛海上鮮。粵西烹調的口味特點是鮮、淡、清，更擅長烹海鮮，香港清蒸海上鮮的吃法，就是源自這個與海為鄰的地區，而不是南番順的粵菜（南番順是以吃河鮮為主）。粵西菜多以白灼、清蒸、浸、煎等為主，不會放很複雜的醬料，香港人常吃的白灼蝦、白切雞就是由粵西傳入的菜式。廣州人吃白切雞用嫩母雞，而湛江人的白切雞，是用體形較大的騸雞，即閹割了的公雞。以前香港人有一句俗語「大騸雞牛白腩」，可見香港白切雞的做法是源自粵西地區。

　　另一個受粵西影響的香港菜，就是香港燒臘店的燒肉，上世紀三四十年代粵西人「走難」移居香港，帶來了海南福山著名的燒豬技巧，改良了香港的燒肉，特別是吃片皮燒乳豬的吃法，據說就是源自福山。先父「特級校對」所著《粵菜溯源錄》中提到：「原來福山的燒豬，有小至二三斤，大至逾半擔，無論大的小的，豬皮燒得一

樣酥化。……福山吃燒豬，並非偶有所見。乳豬的皮，燒得粵諺所謂『脆夾化』，惟四五十斤的大燒豬的豬皮燒得『脆夾化』，以老拙飲啖官能的經歷言，惟福山燒豬。瓊州海峽兩岸的豬的肉質，確比其他地方鮮美。半世紀前，各地運銷香港的豬隻，售價比其他來源的高。」當年廣州灣的豬之所以鮮美，皆因產地高茂等地的人們，都是隔水蒸飯，流到蒸鍋裏的飯水，營養特別豐富，叫作米羹，加入餿水用來喂豬，豬肉的質素特別高。父親還說：「過去香港新界元朗養的豬，較沙田養的豬更受港人歡迎，全因元朗豬的飼料有港九餿水同煮。」如今香港市場上，充斥着各省「豬工廠」養殖的改良瘦肉豬，廣州灣豬早已成絕響矣。

—紀臨—

炒生魚球連湯

　　在酒家吃飯，點炒生魚球連湯就不被歡迎，因為這是一賣開二的菜，賬單絕不可能開出二三十元。而且你要了這樣的平菜，你就不會點其他賺錢較多的菜了。

　　這是一個一賣開二的家常菜，稍會弄菜的人都懂得，酒家飯館會自不在話下，但炒生魚球連皮炒的卻不多見。大部分酒家炒的生魚球

都去了皮，但生魚皮並非不可吃，只是火候難以掌握——把魚肉炒至合火候，魚皮就韌；如把魚皮也炒到合火候，魚肉就會粗而不滑。不懂得其法的寧削足就履，把好吃的魚皮也不要，未免暴殄天物。

照我所知，炒生魚球連皮的方法是劏生魚起肉後，用白鑊將帶魚皮的一面放在鑊裏稍煎，大約七成熟為度，然後將魚連皮切成方球，以少許蛋白醃，「泡嫩油」，以薑片蒜茸起紅鑊，加入少許古月粉才傾魚到鑊裏，兜勻，再加少許紹酒，最後打「白餻」加鹽即成。連皮炒的生魚球，一定要將魚皮煎過，炒時才合火候。

大生魚可以炒球，小生魚炒片較佳，炒魚片就不必用蛋白醃和泡嫩油了。

至於「連湯」的湯是用生魚頭和骨熬，方法是生魚頭和骨用薑片紅鑊煎過，加水熬之，夠火候前，方加上時菜。

特級校對《食經》摘文

古代男人和女人的感情，總是從借書或掉手帕開始的，一借一還，還要通過小丫鬟傳遞，到了用詩詞傳情，也就兩情相悅了。幾十年前，男女約會是約看電影，開始期正襟危坐，後而暗拖手仔，雙方算是正式「拍拖」了。現在男人和女人，先是用手機溝通，七來八往，然後就在餐桌上培養起感情。約吃飯總是由男方首先提出的，女孩一句沒空，男方下次再接再厲，如果三次都吃飯不成，男方便可鳴金收兵，外加深切檢討。如果男方提出的餐館甚為吸引，女孩又是好奇兼愛吃之人，「兩胃相悅」則成功之機會甚高了。

炒生魚球連湯
取自「陳家廚坊」系列之《巧手精
工順德菜》

初次約會，男方總會挑選好一點的餐廳，以取悅女方。坐下稍看菜譜，男方先問女方：「你喜歡吃甚麼呢？」女方總是矜持地說：「隨便。」如果女方加上一句：「不如請侍應介紹一下啦！」事情就可能會急轉直下，如果遇上個不良經理，一味介紹拿手貴菜，而男方總是要點頭說：「可以！」女方嘴上嘀咕說：「夠了夠了。」但心裏卻另有想法，想知道自己在男方心目中的位置。男方咬咬牙充了闊客，回家後想起那一大桌吃不完的菜，暗自神傷，錢包扁了，半個月的薪酬花了，但仍然覺得值得賭一下，過幾天，還要再約！女方回家後也會想起那一大桌吃不完的菜，心裏覺得是有點過分，不過被重視的滋味還是甜蜜的。

如此吃吃喝喝，終於修成正果。女人成了妻子，理所當然地忙於學烹飪，天天操心又操勞，想留住她男人的胃。不出三年，兩人偶然上館子，輪到女人問：「喜歡吃甚麼？」男人說：「隨便！」女人負責點菜，男人不耐煩地說：「夠了！」結果吃完飯，都是由女人埋單。由清蒸游水星斑，到炒生魚球連湯，到今天一起理所當然地走進快餐店，如此這般年復一年，執子之手，與子偕老！

——曉嵐——

中式炆牛胸

「一節淡三墟」，中秋節後，需求減少，各項副食品自然降價。中共也在秋節後放寬副食品出口，昨日大量雞鴨運銷澳門，澳門一時容納不得這麼多，又大量運來香港，遂使雞鴨售價再向下跌，想吃平雞平鴨者，此其時矣。

愛吃番菜的同事羅拔鄭，每吃消夜，也要吃要用刀叉的食製。昨晚有人請他消夜，要了一個燴牛胸，「食而甘之」，並問我為甚不吃？我說，未開化的人吃生肉，半開化的雖懂吃熟肉，臊味很大的澳洲牛胸，不是有數千年文化歷史的黃臉人吃得消的，這是我不吃澳洲牛胸底理由之一。

沒有臊味的牛胸是牛肉好吃部分之一，但全瘦的牛胸不及半肥瘦的牛胸好吃，因為牛胸的肥肉不膩而爽。西餐的燴牛胸怎樣做法我不曉得，中式炆牛胸，我有這樣的做法：

作料：半肥瘦牛胸一斤、洋葱四兩、陳皮一小片、薑半兩。

做法：將牛胸、陳皮、薑、洋葱用水煲至八成火候，取出牛胸切塊備用。又取出煲過的薑、陳皮，弄之成茸。起紅鑊，將陳皮薑茸等爆香，再加入已煲過的洋葱，兜勻，最後加進已切塊的牛胸肉和先前煲過的原汁，將牛胸炆至夠火候即成。

特級校對《食經》摘文

紅酒炆牛胸
取自「陳家廚坊」系列之《真味香港菜》

香港人喜歡吃牛腩，取其肉質鬆軟滑膩，於是市場上有各式牛腩，清湯牛腩、五香牛腩、咖喱牛腩。其實牛胸的「牛」味較濃，更有爽滑的口感。父親喜歡吃「中式炆牛胸」，我們則認為牛胸與紅酒同煮更是天作之合，配合意大利粉、薯茸或米飯皆宜。近年人們流行飲葡萄酒，家里經常有些剩下半瓶的紅酒，正好用來做紅酒炆牛胸。用來烹調用的紅酒質量不拘，普通價錢的紅酒就可以了，不必用名貴紅酒，效果分別不大。做這道紅酒牛胸，還有一個優點是可以預先做好，到開飯前翻熱一下就可以上桌，減輕了臨場的廚房工作，這是我倆當年在美國居住，為應付父親宴客繁重的工作時，常用的手法之一。此道菜很受朋友歡迎，客人通常會把剩下的打包拿走，因為朋友們都知道，到了第二天味道更好吃呢。

　　父親指出：「牛胸好吃，必須買半肥瘦的牛胸，因為牛胸的肥不膩而爽。」牛胸，位置就在牛的胸前，潮州人叫它作胸口膀，潮州話的膀字就是肥油的意思。這些看起來像白色脂肪的位置，其实是牛胸腺，就是這個部位，吃起來口感爽滑，完全不肥膩，是吃牛的其他部位所沒有的口感。購買牛胸時，最適合是牛胸和牛胸腺各半，如果買的是冷藏牛胸，味道會帶點腥膻，浸冷水解凍要更換三次水，才能較好地除去血水的異味。

——紀臨——

元蹄焗乳鴿

　　今天是被人們稱為「無冕皇帝」的記者底「記者節」。當今之世，皇帝不易做，何況是「無冕皇帝」？

　　不管稱頌也好，揶揄也好，暫且不談，當興高采烈的慶祝「記者節」的今天，愛吃「爛」吃的如我，也來提供一樣名菜，聊作對他們致敬的賀禮。這菜是酒家菜牌上所未見的，據說是前清御廚的製作，乾隆皇帝最喜歡吃的一個菜。

　　請我吃這樣菜的主人只知道它的做法，但不曉得它原來的名稱，姑暫名之曰「生扣元蹄」和「元蹄焗乳鴿」，或問既然定了兩個菜名，為甚麼又說是一樣菜？究其實，是一而二，二而一，可以一次吃，也可分作兩次吃，但精於吃的，就先吃乳鴿，再吃元蹄，因為元蹄的味濃，先吃了元蹄再吃乳鴿，就會覺得乳鴿不及元蹄好吃了。

　　「元蹄焗乳鴿」是先做「生扣元蹄」，元蹄燉至八成火候，再將劏清的兩三隻乳鴿，放在燉盅裏元蹄的下面，將乳鴿燉熟，然後取出，切件，又以元蹄的汁，去肥油，打個「紅饋」淋在乳鴿上面，就是元蹄焗乳鴿。焗、燒、炸的乳鴿，都不比用元蹄焗的好吃，它有豬肉的甘香味而不膩，鴿肉也能保持嫩滑。

特級校對《食經》摘文

這是一道根據古籍所載而重現的清代宮廷菜式。父親的一位食家朋友，曾經在上世紀四十年代按古法試做這道菜，當時他邀請父親去品評，父親之後把做法一再改良，成為一道精彩的宴客大菜，並在《食經》中記載此事。

　　這道大菜用大盤子上桌，賣相非常震撼，令人見而食指大動！香噴噴的元蹄，入味酥爛如啖紅燒海參，而幾隻斬件的乳鴿伏在元蹄的懷抱中，盡吸肉味精華，如此美妙的配搭，實為意想不到的成功之作。

　　上世紀五十年代，父親在《食經》中介紹此道菜餚，可惜後來未見在香港的餐飲業中推廣，人世美食幾成絕響。近年，這道「元蹄焗乳鴿」成為了我學生葉冲的私房菜冲菜的著名菜式，每次上桌，都贏來客人們的讚歎與掌聲，天上的父親如若知道，應該可以含笑九泉了！

—紀臨—

元蹄焗乳鴿
照片來自冲菜

生爆鹽煎肉

昨在路上遇見一位「闊佬」朋友，問我：「明晚到哪裏去玩？」我一時不知所答，待看到百貨店的聖誕裝置，才想起已是聖誕節前夕了，於是答道：「我非基督徒，聖誕來臨不會帶給我甚麼歡樂，反過來說，聖誕老人來臨多少總給我一些麻煩。至於甚麼狂歡聖誕舞會，更不需要沒有歡樂情懷的人參加，戴着一頂紙帽，聽幾支頌聖歌，我也不會領略到有甚麼歡樂。」

在不景氣籠罩下，準備大做聖誕生意的商人也大感失望。據不正確的估計，今年聖誕物品的市道僅及去年百分之四十，這不是人們淡忘聖誕，而是不景氣下，聖誕的慶祝不能不得過且過罷了。

慶祝聖誕，假如你不想到外面吃澳洲牛肉做的聖誕餐，而選擇在家做菜慶祝的話，不妨一試川式「生爆鹽煎肉」。

作料：豬腿肉、辣椒。

做法：「生爆鹽煎肉」為「回鍋肉」的姊妹菜，兩菜有異典同工之妙，做法則較「回鍋肉」簡單。把豬腿肉切成薄片，鮮辣椒切塊。辣椒在白鑊內爆乾水分，盛起備用。豬肉亦在白鑊內生爆，俟豬肉所含油質爆出八成，肉亦已熟透，始加入四川豆瓣醬和蒜苗、豆豉辣椒同炒，加鹽至夠味為度，即可上碟。

特級校對《食經》摘文

以前的香港人口構成，以廣東人為主，大部分人都不習慣吃辣，對川菜的認識非常少，上世紀五六十年代，偶有戰後南來的四川人開設的川菜館子，規模也不大。近年曾流行年輕人愛吃的重慶辣雞煲，其實賣的是氣氛，加上口味刺激，價格便宜，所以得以流行了一段時間，但算不上是傳統的川菜。

上世紀四十年代末，大量國內的文人和報人移居香港，父親有位老朋友叫傅鏡冰，是位系出名門的四川才子，戰後避居香港，以寫稿為生。我小時候常常跟着父親到傅家吃飯飲酒聊天，暑假時也會到他們在荃灣的村屋住上幾天。傅伯母做得一手美味的傳統川菜，這就是我一生嗜辣的開始，而傅家川菜的精巧美味，我認為至今仍無人能及。兒時的記憶永遠是最美好的。傅伯母做的白片肉（現在都叫蒜泥白肉了），肥瘦相間，切得薄薄的，旁邊放一小碟蔴油蒜泥，但是不用蘸醬就能吃到肉的鮮味，和現在一般餐館賣的蒜泥白肉淡而無味大不一樣。

「生爆鹽煎肉」是傳統的四川菜，選用半肥瘦的豬腿肉，先用中小火白鑊生煎，起熱油鑊旺火爆炒，後用中火，配上蒜苗爆炒而成，顏色紅亮。味道的靈魂，就是用四川著名的郫縣豆瓣醬再加上豆豉，混合的味道鹹辣而香味誘人，配上白米飯，簡單而粗獷地飽吃一頓，那絕對是能把人拽住的滿足。

有四川人說「生爆鹽煎肉」應該先爆後煎，而我家的做法是先煎後爆，煎出香噴噴的豬油再加醬爆炒，絕對是齒頰留香，增進食慾！

—紀臨—

江南百花雞

　　轉眼又屆月圓節，慶祝佳節，除了美酒還要佳餚，特在這裏提供幾樣做節享用的菜。一，「江南百花雞」；二，「合浦珠還」；三，「荔蓉鴨」；四，「包羅萬象」；五，「花好月圓」。

　　先談「江南百花雞」。在香港吃到的江南百花雞，實在完全沒有江南風味，只可稱之為百花雞。百花雞是蝦膠釀雞，原來江南各地所產白蝦肉甚爽，是鹹水蝦和珠江各地的淡水蝦所不及者，因名之為「江南百花雞」。做法是用嫩雞劏開去骨，把打好的蝦膠釀在雞肉上，以蒸鑊裏蒸熟，切之加上「白饋」即成。

　　蝦膠的做法是將蝦去殼，蝦肉壓成茸，用打魚丸的方法打成蝦膠，再釀在雞肉裏。從前廣州文園酒家做的蝦膠還加上雞胸肉茸，所以蝦膠裏有雞味。目前酒家所做的蝦膠就是蝦膠，若非與雞肉同時吃，只吃到蝦味而沒有雞味。正當做法蝦膠要加雞茸，然而廚師們為了簡便，大多數在製作蝦膠時沒有加進雞茸。

　　這道菜最重要的是要用鮮蝦，活蝦更佳，因為蝦味至鮮，但鮮的東西容易變味，不夠新鮮的蝦做起來就連雞肉也會不好吃。

特級校對《食經》摘文

父親在他的《粵菜溯源錄》中記載，俗語說「食在廣州」，但其實廣州飲食最輝煌的年代，就是上世紀三十年代陳濟棠主粵政时期，那時父親還是一個年輕的記者，但與陳濟棠一家熟稔。父親當時經常出入於廣州著名的四大酒家：南園酒家、西園酒家、大三元、文園酒家，這四大酒家主理廚政的都是高手，善於策劃和創新菜式，而生性愛好美食，頭腦靈活的父親，就經常被邀幫忙「出橋」。當時的名噪一時的一道菜式，就是由文園酒家所創的「江南百花雞」。

　　這是一道細膩的工夫菜，所谓「百花」，指的是蝦茸做成的蝦胶，嬌嫩的粉紅色，令菜式倍增貴氣。做法是把新鮮雞的肉和骨拆出，保留全隻完整的雞皮，再把蝦茸和雞肉釀回雞皮內，重整為全雞，蒸熟後切件淋上琉璃芡。

江南百花雞

父親喜歡在家請客吃飯，他會先提早訂出菜單，交由我們去張羅，跟着他就不理了。在我家的眾多宴客菜式中，我們最怕父親的菜單中寫有「江南百花雞」五個字，有段日子見到它就如噩夢開始。曉嵐支支吾吾想申請改個菜式。豉油雞？白切雞？父親說，某某老爺子來吃飯，他的牙不好嘛，這個「江南百花雞」最合適了！（噢……惟有多做隻拆骨豉油雞作後備！）

雖然手拆全雞去骨對我們來說，完全沒有難度，但雞肉與蝦肉是仇家，最怕的是做出來的餡料有霉味，這樣整碟菜就不能吃了，但未切開上桌時根本不知道是否有霉味，這才是終極的噩夢！

就是因為曾經嚐過幾次失敗，後來經苦苦思量和實踐，終於有了心得。怪不得父親在《食經》中說做這道菜的「廚師們為了簡便，大多數在製作蝦膠時沒有加進雞茸」。其實原來廚師們也不是只為了簡便，更重要的是避免產生最麻煩的霉味而被食客們責罵。

失敗乃成功之母，最終悟出做「江南百花雞」的要訣：首先是一定要用活蝦來做蝦蓉（蝦膠、百花膠），冷藏冰鮮或死蝦完全不行；案板（砧板）和菜刀一定要事先徹底清洗並用沸水淋過，抹乾及晾乾才用，過程絕過不能偷懶；剁好的蝦蓉如果擱置時間長了，會收縮及分離出部分液體，是一種濃度低的溶膠，再拌入雞肉中，肉質就會容易變霉，所以蝦蓉必定要即做即釀即蒸。緊記這三項，就可以避免「江南百花雞」的蝦雞餡料變霉。

我們敬愛的父親，好想好想，再做一次「江南百花雞」給您吃！

—紀臨—

豆豉雞

豆豉是家常最普通的食料，用來作食製配料的，尤其普遍。

在廣東，誰都曉得最佳的豆豉是羅定豆豉，其次是陽江豆豉，而四邑豆豉也是佳品，但不為一般人所知了。原來四邑人最愛吃豆豉，貧苦人家經常以豆豉佐膳，而各項食製，也多以豆豉配製，因此四邑的豆豉，也製作得極好。市面所售的豆豉，多數是抽了豉水的豆豉，羅定豆豉，固不易見。豆豉的味道香濃而有刺激性，不但濃香可口，刺激食慾，且能幫助吸收和消化。

用豆豉作配料的食製不勝枚舉，現在要說的是「豆豉雞」。豆豉雞是很普通的食製，一般人所做的豆豉雞，味道都會不錯，但要求雞肉有豉味、嫩滑而不老的，百不得一。

通常的豆豉雞做法是豆豉炆雞，用蒜頭起鑊，爆香豆豉後，將切成件的雞放在鑊裏加少許水煮至雞有豉味。雞肉雖有豆豉的香味，但過於粗老了。最理想的豆豉雞，要有豐富的豉味，而雞肉保持嫩滑。將雞肉製作得有豆豉的香味不難，保持雞肉嫩滑，那就不容易了。

太平山下，會做豆豉雞的酒家，不知凡幾，但食家獨推許大元酒家的豆豉雞。因為大元酒家的豆豉雞製作得有濃香的味，而雞肉嫩滑。豆豉的火候太少，不會出味，雞的火候過多就不好吃，困難的問題就在於雞要嫩滑而又夠味。

大元酒家的廚師，卻能克服了這些困難，製作得夠味而雞肉嫩滑。你看了下列的方法，曉得它的奧妙所在，就明白是用過一番心思的。它的做法分為兩部分。（一）豆豉的製作。先用蒜頭、紫蘇，搗成蒜茸，燒紅鑊，以多油爆香，然後將洗淨的原油豆豉和蒜茸撈勻，放在一個有蓋的瓦盅內，以蒸籠蒸，要將豆豉蒸至軟化方算夠火候。這時的豉味和蒜茸紫蘇味已混為一片，一開盅蓋，就覺得豉蒜的濃香味。（二）豆豉雞的製作。用劏淨上雞一隻，切件，以少許馬蹄粉將切件的雞肉撈過，而後「泡嫩油」。又起紅鑊，將雞放在鑊裏，灑少許紹酒，使雞肉增加香氣，方把蒜茸豆豉傾在鑊裏的雞上面，再加上鑊蓋焗之約三分鐘，其時鑊內的豉味已滲進雞肉裏，然後再在鑊蓋四周淋進小半碗上湯（不用開鑊蓋），又焗兩分鐘，則雞肉已僅熟，而小半碗上湯也已煎乾，至是才揭開鑊蓋不用加饡上碟，就成豆豉雞。

它的巧妙處，是先製好豆豉。製作時不用水，使雞肉容易吸收豆豉的香味，又因為不用水，焗至三分鐘時要加些上湯，使雞肉不致被焗焦，而增加豉味，如用製作術語來說，這個做法是焗豆豉雞。但酒家菜牌，只寫上豆豉雞而不列明為豆豉焗雞，這是故弄玄虛，不想人家知道他的實在製法而知所仿效。一般人都以為豆豉雞是炆的製法，而不知道其中奧妙原來如此。家庭間的炮製，一時或未備有上湯，則用水淋進鑊裏亦可。至於蒜豉的份量，則每隻雞可用一兩，其中有二錢左右蒜頭和紫蘇茸。

特級校對《食經》摘文

豆豉雞
取自「陳家廚坊」系列之《真味香港菜》

陳家有四寶：高湯蝦子、甘草欖角、辣椒醬和精製豆豉醬，這四寶幾十年來都是自家製造，不作外賣。父親家常備這四種市場上買不到的自製調料，自用之外還送給好朋友們分享。

　　豆豉是鹽醃物，加上黃豆本身含豐富蛋白質，如果爆炒的話，很容易炒焦，會有苦味。如果用於蒸菜，通常蒸的時間較短，豆豉並不容易完全出味。父親把豆豉加入薑汁、陳皮、蒜頭、新鮮紫蘇和糖，蒸燉成豆豉醬，能增加豆豉的香味，而且使豆豉的味道在很短的時間內，直接滲透到食材中，這是父親的得意之作。

　　母親是台山人，喜歡家鄉菜裏豆豉的味道，那時父親常帶她去大元酒家吃飯，必吃豆豉雞，與大廚師熟稔了，便請教了他們豆豉雞的做法，並寫入《食經》中與讀者分享。上世紀七八十年代，父親在美國家中款客，很多時都會有這道豆豉雞，畢竟在美國最容易買到的食材就是雞，而且美國的雞，味道缺乏鮮味，加入加工過的陳家豆豉醬，正好彌補了這個缺陷。

——紀臨——

酥炸生蠔

　　說起生炒排骨，我想到酥炸生蠔。吃生蠔澳門比香港好，因為生蠔生長在鹹淡水交流的地方，香港是純粹鹹水海，沒有生蠔，市場售賣的生蠔都是外地運來，尤以澳門為最多。所以說新鮮生蠔是澳門比香港好。

　　生蠔和其他食物一樣，有多種製作方法，但最為一般人愛好的是酥炸生蠔。酒家的酥炸生蠔，外面是蘸了一層麵粉雞蛋，外形份量比裏面的生蠔大一倍有多，顏色焦黃，看起來頗能刺激胃口。可是，送進嘴裏，外層香脆，但你底舌頭和生蠔接觸時，卻沒有油炸香味，甚而感覺到生蠔的腥味，所謂酥，更不知酥在何處！

　　為了外觀好看，酒家不能不將生蠔蘸滿麵粉雞蛋才炸，因此生蠔受到炸的成分實在甚少，有時還吃到腥味，即是生蠔本身受到熱力的壓迫還不夠，遑論酥了。

　　生蠔是硬殼海產，開殼後周圍仍纏着不少潺膠，對滾油有抵抗作用，再蘸澱粉蛋白質的雞蛋麵粉，滾油滲入生蠔要費相當時間，但炸得過久則外面焦黑。要外面好看，則裏面火候不夠，自然不會好吃了。

　　生蠔要用炸排骨的方法，先用鹽醃過，又以清水洗淨，其時外面的潺膠已去了一半，再用大熱水將生蠔的潺膠拖去，然後加薑汁酒再醃十分鐘。瀝乾生蠔的水分，蘸上「澄麵」方放在油鑊裏，慢火炸至

焦黃，才成酥炸生蠔。如果不把生蠔的潺膠用大熱水拖去，根本沒法
炸得酥。

特級校對《食經》摘文

　　小時候，家裏有一輛小汽車，牌子是英國的 Hillman，勉強能
塞進我們連大帶細七口之家，妹妹紀新還得抱在母親膝上。週末能
跟父親開車去一次新界，總會令兄弟姐妹提早幾天已是雀躍萬分，
期待的是終於能與平日非常忙碌的父親共處一天，還有那一頓打牙
祭式的海鮮大餐。乘汽車渡輪過海去九龍，再沿海邊青山公路向西
北行駛，小孩子不知道目的地叫甚麼，反正來回都要花上三個多小
時，弟妹在車上睡了幾覺，回家已是天黑了，這一折騰，就是名副
其實的「去旅行」了。

酥炸生蠔
取自「陳家廚坊」系列之《經典香港小菜》

香港人說起吃生蠔，就會想起流浮山。流浮山位於元朗后海灣，地理環境很獨特，是元朗河和深圳河出海的鹹淡水交匯處，海水中的微生物豐富，是一個非常適合淺水生蠔生長的地方。流浮山的居民自古就以養蠔為生，有文獻記載，流浮山的養蠔業已有幾百年歷史。

　　上世紀五六十年代的流浮山，有大片的養蠔田，生產生蠔、蠔水、蠔油和蠔豉。後來更形成了一個海鮮餐館集中地，每逢週末和平日的晚飯時間，流浮山那窄窄的海鮮小街，都擠滿了來吃海鮮和買蠔豉、鹹魚、蝦米等乾貨的客人。後來由於后海灣水質被污染，流浮山養蠔業大受影響，店家只好由國內和其他國家進口生蠔來應付市場需求。近年由於政府致力改善后海灣的水質，養蠔業又開始有了起色。現在流浮山已成為了香港一個重要的海鮮批發市場和吃海鮮的好去處。

—紀臨—

盤中一尺銀

　　濱海人對「盤中一尺銀」，特有研究。精治魚饌，火候為優劣癥結所在，本欄已屢談及，然卒言未盡意。偶翻古籍，得一法，存之以作參考：

　　「穎川陳氏以無骨刀魚，名於時，事輒翻新，實古昔先民口所未嘗也。查蒸鰻擇肥大粉腹者，去腹及首尾，專切為段，拌以飛鹽，排於鏇中，沃以甜白酒釀，隔湯燉。數沸後，加以原醬油，復煮數沸，視其脊骨，透出於肉，就鏇內箝去其骨，然後用蔥椒拌潔白肥豬油，厚鋪其面，入鍋再燉。數沸，視豬油融入鏇底，乃出供客。此味最濃厚，貪於飲食者，一言及口中，津每涔涔下也，而穎川氏曰：是未足其也。春初刀魚，先於總會行家下錢，凡刀魚之極大而鮮者，必歸陳府，令治庖者從魚背破開，全其頭而聯其腹，先鋪白酒釀於鏇中，攤魚糟上，隔湯燉熟，乃抽去脊骨，復細鑷其芒骨至盡，乃合兩片為一，頭尾全具，用蔥椒鹽拌豬油，厚蓋其面，再蒸，迨極熟不便置他器，舉鏇出供，味鮮而無骨，細潤如酥，至未及請舉箸，而客先欲染指而嘗矣。」

特級校對《食經》摘文

「盤中一尺銀」是先父「特級校對」在《食經》中介紹的一道菜，根據古籍內容所載，是來自古代河南潁郡川的美食之家陳府。先父很少提到先祖輩的事，我只知道我們家籍貫是中山南朗茶園村，位置在翠亨村附近。父親少年時父母雙亡，因家貧搬到澳門打工謀生，從此很少回到家鄉。在我記憶中，只有一次跟着父母回鄉，因為年紀小，印象最深刻的是坐在單車尾，被接到一堆古老磚屋羣中，其他細節就記不清了。幾年前，弟弟紀旋搬到珠海居住，我們探訪弟弟時也順便去追源尋根，找到中山南朗的茶東村，村內的陳家祠堂，神枱上擺放了一個潁川堂的牌子。我們陳家祖籍河南潁川，先祖在宋朝時全族人南遷，經珠璣巷往南，輾轉落戶中山南朗，但我們不是客家人。後來父親移居澳門，戰後住在香港。我們的先輩是否就是古籍中識飲識食的潁川富商陳氏家族，父親從未明言，畢竟經歷幾百年的戰亂和遷移，中原人的家譜大多難以考証，但對追求美食之基因，不知是否仍在暗地裏延續呢？

　　一篇古籍，道出一道名菜，讓我們看到古代人對美食的追求。而最肥美的初春刀魚，又是如何被當時潁川陳府以高價收購後進行精細烹調的，這些資料對研究古代中原飲食文化，極具參考價值。

　　常言道「三代富貴方知飲食」，當年的潁川陳府，應該是世代富貴門第，對美食的要求很高，在原材料、調味、工序、器皿等方面都極為講究，正是應了「食不厭精，膾不厭細」的名言。所喜者，整個烹調過程中，沒有任何浪費，而可以肯定的是，這一道菜定是吃到盤底朝天。刀魚以黃河刀魚最為肥美，長江刀魚次之。潁川在河

南，吃的肯定是最肥美的黃河刀魚。現在黃河和長江的野生刀魚，受環境的影响，因為長年濫捕，已瀕臨絕種了，由於數量很少，甚為珍貴，價格也曾被抬得極高，現在市場上都是養殖的刀魚。不過，生長在海邊的香港人，多數不會覺得多骨的刀魚有多鮮美，值得賣這麼貴。

刀魚是鳳尾魚的親戚，同屬鱭科。迴游到長江黃河的刀魚，味道特別鮮美。香港的菜市場也偶然會出現海刀魚，但肉質和鮮味無法和黃河或長江刀魚相比，父親說香港賣的海刀魚，可能就是廉價的鱭白，只配被製成鹹魚。

沒有了野生黃河刀魚，更沒有十婢八妾俏廚娘去做「復細鑷其芒骨至盡」的工作，於是我們參考了古籍中無骨刀魚的做法，根據現代人的飲食習慣，在材料和工序上作了改變，用的是同樣油潤嫩滑的馬友魚來代替刀魚，去骨就容易多了。這道現代版的陳家「盤中一尺銀」，是我家很受歡迎的請客菜式，上桌每每皆是「至未及請舉箸，而客先欲染指而嚐矣」，保証全盤吃清，賓主盡歡！

—紀臨—

盤中一尺銀
取自「陳家廚坊」系列之《真味香港菜》

南煎肝

　　「南煎肝」是福州人可酒可飯的家常菜，實在是煎豬肝。為甚麼叫作「南煎肝」呢？這個南字取義於南洋（福建人去南洋甚多）的做法，還是從南方傳來的做法？嘗以之問諸福州人，未獲得解答。

　　煎豬肝原無特別之處，惟大多數煎豬肝不能保存肝皮鬆嫩，煎得僅熟則豬肝滲出未熟的血水，煎得過老則肝皮硬。「南煎肝」卻能保持肝皮鬆嫩，吃時也不會滲出血水。不過好壞與否最主要看是甚麼豬肝。

　　福州人稱為「鐵肝」的，即紅而帶淤黑的豬肝，做起來必硬。浸過水的豬肝又難避免炒熟後不滲出血水。所以做得好的「南煎肝」一定選廣東人稱為「黃沙膶」而又未浸過水的豬肝。

　　作料除豬肝外，還有蒜頭、酒、糖、蔴油、生抽、茄汁、生粉。

　　做法：先用生粉開少許生抽，將已切成片的豬肝醃十餘分鐘備用。

　　以碗盛酒少許、蔴油三四滴、糖、茄汁、喼汁，以筷子拌勻備用。

　　起紅鑊，先爆香蒜茸，傾下豬肝，兜勻至九成熟，最後傾進茄汁等調味作料，兜勻即成。

　　豬肝嫩滑而香，味有些微甜酸辣，是可酒可飯的夏令佳餚。

特級校對《食經》摘文

福建菜中的南煎肝，「南」
的意思並非指的是南洋，而是指
閩南，即福建南部包括泉州、漳
州、廈門等地區。這道最早源自
客家的菜式，由福建西部客家人
聚居的長汀（汀州），跟着客家人
的足跡，到了閩南地區，後來客
家煎豬肝成了受歡迎的菜式，名
字也稱為南煎肝。

木耳鳳梨炒豬肝

　　清康熙年間，朝廷取消渡台
禁令，大量閩南的客家先民渡海
移居台灣，他們聚居在今天台灣的桃園、嘉義、台南、苗栗和新竹，
以務農養魚為生，他們的語言是客家話，當時並未有「客家」的稱
號，惟自稱為「客人」，他們就是台灣的客家先民。隨着幾百年時光
流逝，大部分客家菜式早已融入台灣菜中，很多菜式已經分不清是
台菜或客家菜，但客家人愛吃豬內臟的習慣，仍然保持不變。

　　「南煎肝」到了台灣，成了台菜館的菜式，一般稱為「煎豬肝」。
台北著名的欣葉台菜，「煎豬肝」做得非常好，豬肝僅熟而入味，咬
開不帶血，火候掌握得非常好，當然技巧上有賴於預先調好味的「碗
茨」，才能快速爆炒起鍋。我們把這一道菜加入了木耳和鳳梨同炒，
減低了豬肝的膩口，非常開胃。

——曉嵐——

黄埔炒蛋

「黄埔炒蛋」實在就是普通的炒雞蛋。但是，炒蛋不被一般人認為食製的佳品，而「黄埔炒蛋」則婦孺皆知。「黄埔炒蛋」原是黄埔港上艇户人家的家常菜，惟因製作的巧妙，炒起來的雞蛋有香、鬆、嫩、滑的好處，而普通的炒蛋炒得好的，會香、會嫩滑，而炒得鬆的，卻百不一見。「黄埔炒蛋」之所以能夠享負盛名而被一般人推認為佳品者，就是香、嫩、滑外還帶鬆。「黄埔炒蛋」的作料沒甚稀奇，只不過是幾隻新鮮的雞蛋，和一些葱花，不吃葱的連葱也不要，炒得好與炒得不好，完全是製作上的技巧。

真正的黄埔港艇户人家所製作的「黄埔炒蛋」，我從未嚐過，倒是吃過不少有名廚師製作的「黄埔炒蛋」，下列方法是戰時梧州金鷹酒家老闆娘王媽所説的：

用四五隻新鮮雞蛋，在蛋一頭開小孔，把蛋裏的蛋白傾在碗上，以筷子將蛋白打至起了大泡，加豬油，再打至成泡沫，然後加入蛋黃，又打一番。然後起紅油鑊，把葱花爆香，以碟盛起，待葱花沒有滾氣時，才傾入已打好的雞蛋裏拌匀。在炒蛋之前，爐火要紅至頂點，放油落鑊時要比炒其他東西多一倍，等油滾到頂點，才將紅鑊移離竈邊。同時，把打好的雞蛋傾進紅鑊裏，用已蘸有滾油的紅鑊鏟把蛋兜匀，以碟盛之便是。

或問：為甚麼要將紅到頂點的鑊移離竈口？因為不將紅鑊移離竈口，以直接的火候炒蛋，則雞蛋難保不老。能夠香、嫩、滑的道理完全是在炒的時候能否將蛋炒得僅熟，精於此道，在炒的時候根本不用鑊鏟，而以手持鑊將蛋拋至僅熟。至於炒得鬆的原因是將蛋打成泡沫。如果明白雞蛋糕鬆不鬆的道理，就自然知道炒蛋為甚麼會鬆。

　　炒雞蛋是廉宜易做的家常菜，炒黃埔蛋也是家常菜，事實上炒雞蛋和炒黃埔蛋同是用新鮮雞蛋破開，加味拌勻以油炒，但黃埔港上的艇户人家的炒蛋，炒起來有香、鬆、嫩、滑的好處，和普通的炒蛋有別，到黃埔港吃過這種炒蛋的都説炒得好，由是黃埔炒蛋便成了出名的菜式。

　　以上的「黃埔炒蛋」是戰時梧州金鷹酒家老闆娘的方法，現在要談的是黃埔港上「阿馮」的炒法。據説蔣介石先生也喜歡吃黃埔炒蛋，當年蔣做黃埔軍校校長的時候，就常吃阿馮的黃埔炒蛋，並認為阿馮的炒蛋比其他的炒得好。

　　做法是：先將雞蛋黃白分開，以碗盛之，將蛋白用筷子掊成大泡，然後加上蛋黃又掊之約十餘分鐘，加味，拌勻，然後傾進鑊裏炒熟。

　　黃埔炒蛋做得好，全在炒的火候和炒法。

　　原來阿馮將蛋以左手傾入鍋內，右手握鑊鏟，隨傾隨鏟，反手將半熟之蛋倒入碟內，因為所炒蛋，貼鑊一邊的，到鑊時已僅熟，至未熟的一邊，在鑊起時即流回鑊內，而中層將熟未熟之間的，則因反手

兜起，壓向碟面，利用已熟的蛋的餘熱，迫熟將熟未熟的蛋，如是隨傾隨鏟，隨兜上碟，至兜完為止，即全碟蛋都在僅熟的程度。吃來滑嫩無比。不過，這種做法，一定要對火勢有準確的判斷，和熟練的手勢，才可將蛋炒得夠理想。

持級校對《食經》摘文

甚麼是香、鬆、嫩、滑？根據先父的說法，香是豬油加雞蛋香，鬆是雞蛋不會結成結實的一塊，嫩是雞蛋炒得不老，滑是油和雞蛋混成一體的結果。後來有人把黃埔蛋說成「黃布蛋」，因為炒得好的黃埔蛋，就像黃色的布，可以用筷子一層一層地夾起來。

近年，有人對炒雞蛋作了科學性的分析，一般雞蛋白含 88% 水分，蛋黃的水分是 50%。在炒的過程中，把蛋白質分子改變了而互相凝固，把水分逼出，煮的時間越長，逼走的水分越多，雞蛋也就越來越乾了。如果把雞蛋白和蛋黃分開，先打雞蛋白，把空氣打進蛋白的溶液裏，然後加進油再打，油就在蛋白質形成一層保護膜，減慢了凝固的過程，最後才把蛋黃和鹽加入打勻成蛋漿。炒的時候先把油燒至高溫，把蛋漿倒進熱油裏，熄火，用鍋鏟一遍一遍地推，利用油的餘溫把一層又一層的蛋漿燙熟。因為油溫隨着炒的過程不斷下降，所以炒的雞蛋就一定不會過熟，而達到香、鬆、嫩、滑的效果。

—曉嵐—

清明菜

春分過後，轉眼又到清明。古今傳誦杜牧的佳句：「清明時節雨紛紛，路上行人欲斷魂；借問酒家何處有，牧童遙指杏花村。」不禁又在人們的心頭泛起。

時逢踏青佳節，慎終追遠。在「人民時代」來臨以前，香港人回原籍掃墓真是踵趾相接，往來廣東四鄉的輪渡，此時此際也擠擁不堪，然而「人民時代」的今日，試問有若干香港人可以歸鄉掃墓？

有鄉歸不得，益使遊子倍添鄉愁旅思，童年隨父兄輩攜酒肉冥鏹，肩雨傘以掃奠先塋情景，猶歷歷在目。童子何知，當時不外欲一快口腹，故每年掃墓歸來，桌上必備的「燒肉小炒」，與我的筷子最有交情。我以為祭祖菜必有「燒肉小炒」是敝鄉的習俗，後來才知其他地方如高要、四邑、順德等的清明祭祖也慣用「燒肉小炒」。

作料是：蕎、切菜（即鹹蘿蔔絲）、燒肉、實豆腐膶、韭菜、蠔油。

做法：蕎要蕎白，豆腐膶切成條，煎過，荷蘭豆去苗，切菜漂去鹹味後切為吋許長，白鑊炙乾備用。起紅鑊，爆香蕎白、燒肉、荷蘭豆，加進韭菜、豆腐條、切菜，兜勻，最後以蠔油調味即成。

據故老言，用燒肉小炒祭祖，含有這樣的意義：蕎代表轎，以轎迎列祖列宗，豆腐和韭菜象徵富貴長久。究竟是否如此，是民俗學家研究的範圍，這裏不再作考證了。

特級校對《食經》摘文

春夏之交，市場上有藠菜出售，每年只會出現一兩個月左右，不少年輕人都不認識它。藠菜在香港的菜檔以至文人食家，文字上寫作「藠」菜，亦有寫為「薤」菜，而廣東話稱之為「蕎菜」，家父是標準的廣東佬，當然稱薤白為蕎白，酸蕎頭是我們自小就認識的食物。究竟這種蔬菜的名字應該怎樣寫和怎樣唸，就讓我們來介紹一下。

這是一種叫作薤白的蔬菜，葱科植物，「薤」字普通話音為「泄 xiè」，粵語正音為「械」。「藟」這個字，草字頭下面是晶字，在古代等同「藟」字，普通話讀音為「壘 lěi」，粵語正音應為「呂」。而「藠」，即草字頭下面三個白字，普通話讀音為「叫 jiào」，粵語正音應為「蕎、橋」。其實「薤」、「藟」、「藠」，三個字都指的是同一種蔬菜，但如果廣東話音唸「蕎」，文字就應該寫為藠菜，或者是蕎菜。

為甚麼又可以寫作「蕎菜」呢？薤白是中國古老的蔬菜品種，分佈很廣，幾千年來，因地域不同，名稱很多，除稱為薤白之外，亦有薤根、小獨蒜、野蒜、宅蒜、蕎子、蕎菜、藠子等名字，不過，在古代的植物及醫藥記載中，多稱為薤白，而今天北方人亦仍稱之為薤白。廣東深受古中原文化影響，薤白在古代也有蕎菜之稱，而廣東話中有不少是古中原的讀音，所以稱薤白為藠菜或蕎菜，亦有其道理，並非單為約定俗成。

薤白或藠菜，屬葱科，多年生草本。藠菜生長在中國、朝鮮、韓國、日本，以及俄羅斯東部，而在中國則廣泛分佈在東北、河北、雲南、貴州以及長江流域。薤白在春夏之間採收，適逢清明時節，所以民間又稱為「清明菜」、「拜山菜」。廣東人祭祖的「燒肉小炒」，其中的「燒肉」實為豆腐膶，可見民間祭祖，亦有「呃鬼食豆腐」之所為。

藠菜性溫，具健胃消食、安神、治痢疾、下氣導滯的功效。藠菜吃的部分，只是藠菜白色的蛋形莖頭部分，而綠色的葉子非常韌，難以下嚥，但可曬乾後作為藥用。古代名醫李時珍說藠菜是「其根煮食、糟藏、醋浸皆宜」。在中國和朝鮮，自古都有用藠菜來做醃漬食品，中國人用米醋來醃製酸藠頭（酸蕎頭），而朝鮮和韓國是用藠菜來做辣泡菜，或加蒜頭和醬油來做醃漬藠菜。民間用藠白做菜，通常都是藠白炒肉片、藠白炒臘肉、藠白炒蛋等家常菜，藠白炒熟後能保持其爽脆的口感，味道清甜，是非常可口的蔬菜。

　　香港的老牌醬園冠珍醬園老闆請吃飯，在座的有世交梁立仁、梁立志兩兄弟和家人，桌面上就有一道清明菜，他們都說不見清明菜久矣。我和梁家有六十多年的交情，他們是香港經營駱駝牌暖水壺的家族，世伯梁祖卿先生是父親的好朋友，也都是愛吃的人，他們很多時候聚在一起講飲講食，分享心得和故事，有時也帶上我們這些小輩，我們的很多飲食知識就是由此而來。

家鄉炒藠菜

生炒排骨

　　炒排骨也是最普通的家常菜，但酒家的菜牌卻寫上「生炒排骨」。

　　為甚麼炒排骨要加上一個「生」字呢？原來有些酒家為便於製作計，先將排骨炸好，等顧客要吃時，才在鑊裏兜過，打「甜酸饙」便拿出來。這在工作上的確省去不少時間，但排骨本身則缺少「鑊氣」，當然不會好吃。至於「生炒排骨」的由來，大概是酒家想表示它的排骨不是預先炸好的，而是要炒時才炸的。炒排骨的排骨炸得不透不好吃，有韌性不好吃，過老也不好吃。要做得好吃，則先要研究如何炸排骨。

　　通常的做法是：將排骨斬成碎件，用「澄麵」（已洗去筋的麵粉，酒家廚師們稱之為「鄧麵」）將排骨撈過，慢火將排骨炸好，以紅青椒蒜子作配料，紅火起鑊，先炒蒜子辣椒，然後將排骨傾入鑊中，加「甜酸饙」兜勻即成。原理甚簡單，但這樣還不會好吃。如果要炒得好吃，一定要先將碎件排骨用大熱水拖過，以筲箕盛之放在當風處，讓排骨表面的水分吹乾後，再以澄麵將排骨撈勻，然後慢火炸之，這樣才可以將排骨炸透。因為碎件排骨外面還有很多脂肪，如果不將外面的脂肪用熱水泡去，則炸的時候，有了脂肪阻隔，滾油要很久時候才能滲入排骨的內層。若非如此，排骨外面炸至焦黑，內層還未炸透，炸不透自然有韌性。有韌性的炸排骨，當然不會好吃。

炒排骨的味道是鹹、甜、酸、辣都有的，過甜或過酸都不合格。所以好廚師炒排骨的「甜酸饋」底味道要能做到鹹、甜、酸、辣的總和，饋的份量也要做到吃完排骨後就再沒有了，那才算合格。

特級校對《食經》摘文

無論叫作生炒排骨、甜酸排骨或是咕嚕肉，在世界上任何一个有華人聚居的地方，所有中國菜館的菜牌上都有 Sweet and Sour Pork 這一道菜式，是一道超越省份、超越口味的菜式。咕嚕肉、甜酸排骨、生炒排骨這三道菜，其實基本上做法一樣，只是採用不同部分的豬肉來做。外國人不喜歡有骨頭，於是唐人街餐館通常只做咕嚕肉，有一些快餐式的唐人餐館乾脆就把咕嚕肉煮好一大鍋，反正一定能夠賣出去，客人要的時候，可以立刻上菜，又省事又經濟。

食肆做這道菜，一般是預先把豬肉或排骨用脆粉炸過備用，當有客人下單，就把炸過的肉翻炸，然後放入青椒、菠蘿同炒，最後打一個甜酸芡，即可上枱。父親說「生炒」的由來，大概是酒家想表示它的排骨不是預先炸好的，而是要臨炒時才炸的，他嘲諷為酒樓佬「此地無銀三百兩」的做法。

父親在《食經》中談到生炒排骨的做法，是先把排骨用熱水拖過（不是汆水），目的是要洗去肉面上的油膩。在五十多年前，香港市場賣的豬肉，肥肉較多，可能有這個必要，可是，時移世易，今天香港市場上全部是瘦肉豬，肥肉所佔的比例極小，便可以省去用熱水拖這一工序了。

炒腰花和爆雙脆

「爆雙脆」和「炒腰花」都是外江菜。「爆雙脆」是山東菜，「炒腰花」江南最流行。兩個菜做得好不好，第一個標準是爽脆，味道濃淡是次要問題。爆得不夠爽脆的雙脆當然是名實不符，炒得不爽而韌的腰花不算好，所以這兩樣菜的難處，同是熟後吃時要夠爽夠脆。

廚娘下午在中環街市購得新鮮豬內臟，以作翌日煲及第粥，我看見新鮮豬及第不禁食指大動，晚飯先做一個及第菜「炒腰花」。

作料是豬腰，配料是荷蘭豆和蠔油。腰花炒得夠脆與否，最講究是火候。炒時一定要夠紅的鑊，過火則不夠爽，不夠火候則腰花不熟。此外爽與不爽還有一個秘密，就是豬腰本身。浸過水和不夠新鮮的豬腰，不會炒得好。豬腰中間有些紫紅色的東西，如不切去，即使火候控制最有經驗的廚師也不會炒得好。所以先將豬腰破邊，把紫紅物切去，然後在外面劃上十字刀痕，方切件。

做法：起紅鑊，先炒荷蘭豆至七分熟，以碟盛起。再以蒜花起紅鑊，傾下腰花，兜勻，加入荷蘭豆再兜一遍，其時腰花與荷蘭豆已熟九分，加蠔油兜勻，即可上碟。

讀者袁蕙芳小姐來函云：「我愛吃外江菜館的『爆雙脆』。我底大夫每頓飯要喝兩杯，『爆雙脆』也是他喜歡吃的下酒物。有些外江館

做這個菜很夠脆，有時也吃到不夠脆的雙脆。顧名思義，我以為『爆雙脆』一定要做得夠脆才合標準，不脆而微帶韌性的雙脆當然不合標準。為了丈夫愛吃，我也試做這個菜兩三次，都是不夠脆而微帶韌性的，也許是我的做法不對，或還有甚麼秘方？我想先生或許曉得它底做法吧。有便請在《食經》裏賜答，謝謝！」

答：外江館賣的「爆雙脆」的第一脆是雞腎或鴨腎，第二脆是豬腰。這個菜要做得脆，確有其可脆之道；如以為將豬腰切成花形，以油爆之即脆，這是不會的。外江館做這個菜，除將雞腎或鴨腎洗淨，切成花形外，豬腰則要腰的周圍，腰心則不要（因為腰心部分無法弄得脆），然後切成花形備用。

爆的方法也有研究，我見過這個菜做得好的廚師是這樣做法：先預備豆粉水和鹽少許，以碗盛之，另切好約一吋長的葱白約十餘個，一鍋滾着的開水。燒紅油鑊，以炸籬盛着腰花腎花，先在開水裏一泡，立即撈起，隨即放入油鑊，加入葱白一兜，加饋即可上碟。爆得過老不脆，過嫩則不一會腰腎都會滲出血水。做得好的「爆雙脆」要脆又不出血水，這就講究火候的控制了。

持級校對《食經》摘文

上世紀四五十年代，很多外省人移居到香港，香港本地廣東人把所有講普通話的外省人，都稱為外江佬，外省飯店就叫作外江菜館；把所有操華東地區口音的人，無論是來自上海、無錫、蘇州、杭州的，都叫作上海佬、上海婆，反正絕大多數本地人都分不清他

爆雙脆

們的語言，而江浙菜館，就一律稱為上海舖。但是，最特別的是，
體形高大健碩的外江佬，本地人就會認是他們是山東人，而「山東
婆」一般就是高大的女性的形容詞。

　　自古山東出廚師，魯菜烹調技術到了北京，深入宮廷和民間，並
發揚光大，可惜菜式從此被歸入了北京菜。香港第一代的京菜館，全
是由山東廚師掌勺，當然，現在他們的徒孫、徒曾孫是大師傅了。

　　記得小時候，香港尖沙咀區有幾家著名的京菜館，我家住北角
建華街，父母親帶着我們五兄弟姐妹，浩浩蕩蕩坐天星小輪過九龍
尖沙咀，到京菜館去吃飯，那可是我們孩子們的重大事情，通常都
是在學年完畢，或是母親過生日的時候。大人們愛吃炒腰花、爆雙
脆，還有葱爆羊肉，小孩子愛吃山東水餃，最後肯定來個期待已久
的拔絲香蕉，這就圓滿結束了！

　　最近我們應朋友之邀去山東，吃到真正的魯菜，其中就有爆雙
脆，又脆又嫩，盡顯魯菜廚師的功力。

五味手撕雞

　　本欄前談過「蠔油手撕雞」，是廣東做法的熱食製，「五味手撕雞」則是廣西的冷食，也可稱之為「涼拌手撕雞」，是夏令「可酒可飯」的食製。戰時我蟄居桂林的時候，吃過好幾次「五味手撕雞」。桂林做「五味手撕雞」最佳的是定桂門的桂南樓酒家，在桂林居住過一些日子的人大概會曉得。

　　在熱浪披猖的時候，愛吃雞而又不想吃熱菜，「五味手撕雞」值得一試。

　　做法是：（一）嫩雞一隻，劏淨，以碟盛之，放在蒸器裏隔水蒸之僅熟，取出去骨，又切之每塊約二吋丁方，然後用手撕之成麵條狀，以碟盛之。

　　（二）酸薑、蕎頭切絲，以碗盛之，加上熟油、蔴油、豉油、白糖、浙醋、辣椒油、芥辣和酸薑絲，蕎頭絲拌勻，淋在雞絲上面即成。

　　這是五味俱全的涼拌食製，包保有「開胃」效果。剩下來的雞骨可做一碗開胃的湯，做法是用鹹酸菜去葉切片，和雞骨同煲，至雞骨沒味時只要其湯。如嫌雞骨不夠鮮味，可加進乾草菇同熬，喝時加鹽調味。

　　做「五味手撕雞」沒甚特別技巧，桂南樓所以做得好，道理是：（一）雞選得夠嫩，（二）蒸的時間恰可。故吃來鮮嫩而夠滑。

特級校對《食經》摘文

「五味手撕雞」又名「涼拌手撕雞」，是我們家常做的涼菜，也是父親最喜歡吃的菜式之一。父親的《食經》中，詳細記載了他戰時在廣西桂南樓吃過的「五味手撕雞」。日軍侵華，父親帶着全家為逃避戰火，「走難」到廣西桂林，我就是在臨桂縣出生，所以取名紀臨。父親對這道涼菜的喜愛，除了因味道酸甜可口之外，更多因他對那段烽火歲月難以忘懷，內心五味紛陳，感慨良多。

五味手撕雞

　　我們家吃飯的人不多，通常的做法是買一隻雞回來，做一雞兩味，份量正好！一半做五味手撕雞，另一半用來煲湯或煮煲仔飯；另一個方法，就是把雞做了白切雞或貴妃雞，雞胸肉通常是剩菜，所以乾脆在斬雞時就把胸肉拆出，第二天用來做一味開胃的五味手撕雞，在炎炎夏日，很受孩子們捧場。

——紀臨——

白片肉

　　濃膩的食製在夏天裏是不為一般人所喜愛的。「南乳扣肉」、「燉元蹄」等均屬濃膩，夏天愛吃這類菜的人不會很多，但川菜中的白片肉卻是四川人夏天的家常菜，因所用豬肉肥瘦相兼，吃來毫無濃膩的感覺。

　　一般川菜館或兼售川菜的外江菜館做的「白片肉」，用的是豬肉中的實肉，泡熟後片成薄片，以碟盛之，淋上薑葱茸、醋和豉油就是。不過，這樣做法的「白片肉」不夠理想，要做得好，吃來夠香，方法是：

　　豬的實肉一件，用繩紮實，用水煲半小時，以薄刀切薄片，上碟吃時蘸薑蒜茸、醋和豉油。這是川東的吃法，成都人則蘸辣椒油和豉油。做白片肉先用繩繫紮豬肉是四川食家的做法。

特級校對《食經》摘文

　　父親說的「白片肉」，即川菜中的「蒜泥白肉」，而且是上世紀六七十年前的平民版本。那時候，戰亂加戰後，百姓大多是窮人，能吃上大塊豬肉，已是福大命大，管它是豬身上的哪個部位，瘦的叫實肉，肥的叫肥肉，肥瘦相間的五花肉（腩）就是奢侈品。

　　做白片肉先用繩繫紮豬肉，是古老四川食家的做法，實乃豪門私房廚娘的秘訣。用的是豬的二刀肉（腿肉），每次紮起來只做一小方塊，僅熟的白肉薄切擺盤，拌好醬汁小碗另上，還要快步端上桌

蒜泥白肉
取自「陳家廚坊」系列之《請客吃飯》

趁暖吃，半肥瘦的嫩肉加上溫度，把最普通的豬肉做得細緻貼心，這才算得上是識食之家。

我家的白片肉，不選二刀肉，而是用豬肩上三角形的玻璃肉，每頭豬只有兩塊，這個位置的肉，肥肉爽、瘦肉嫩，肥肉和瘦肉之間不帶膜層，用刀薄切不斷肉。我把此秘訣告訴一位成都名廚朋友，從此之後他多間店的蒜泥白肉，只選用玻璃肉，不再用二刀肉，把他的豬肉供應商為難死了！

做得好的蒜泥白肉，豬肉要煮到斷生（即僅熟），煮好後不能放冰箱或長時間放在一旁，要趁肉還有餘溫時切薄片立刻上桌，因為熟肉經過冰箱降溫或放的時間太長會失去水分，使肉質變乾，味道流失。醬料最好另上，吃的時候把肉蘸醬料吃。

近三十年，「蒜泥白肉」就像「女大十八變」，花樣百出，白片肉捲上青瓜片是曾經的潮流，一眾餐館有樣學樣，殊不知卻是冷上加冷，冷的肥肉失去柔軟，冷的瘦肉無味，難言矜貴。有些川菜餐館把加味精調好的醬汁淋上白片肉，還要浸着，白肉被醬汁染紅，只剩一種味道：麻辣。豬肉的自然香味，早已飛到九霄雲外，永無出頭之日。此乃源自成都百姓「蒼蠅館子」的通俗做法，卻都上了貴價的川菜館子，成了主流的做法，哀哉「蒜泥白肉」！

五香八寶鴨

　　廣東菜的「八珍鴨」或「八寶鴨」是六七十元的包辦筵席，以至酒筵席上常見的食製。雖然上得筵席，但「八珍鴨」或「八寶鴨」本身實在是粗菜，尤其平價筵席上所做的。鴨本來有鴨的味道，八珍或八寶的作料無助鴨味的彰顯，有些甚至連鴨本身的味道也打了折扣。用湯盆泡熟的鴨，若干鮮味已在湯裏；有些八寶或八珍鴨，肉無鮮味，就因為鴨是泡過湯的。

　　友人日前宴客，先以菜單見示，裏面有八珍鴨，我問為何不要「紹菜扒鴨」呢？他說客人食量大，「八珍鴨」除了鴨還有其他作料可吃。那我無話可說了。

　　我想不少人像我一樣，不大喜歡吃「八珍鴨」，愛鴨者不妨一試廈門菜的「五香八寶鴨」。

　　作料：肥鴨一隻劏淨起骨，糯米、冬菇、豬肉、栗子、鴨腎、蓮子、筍角、五香粉、蝦米、葱白。

　　做法：先將作料炒熟加味，塞進鴨肚，約八成滿，以針線縫之，復將豉油塗勻鴨身，放進油鑊裏「走油」，然後以瓦器盛之，隔水燉至夠腍即成。

特級校對《食經》摘文

父親介紹的這道福建菜「五香八寶鴨」，是他在上世紀四十年代初到廈門做採訪，一位國民黨將軍朋友邀請他到家中吃飯，將軍夫人特意為父親精心炮製的。當時是抗日戰爭時期，這頓家宴後，與將軍朋友一家從此天涯海角，再也無緣相見。上世紀八十年代，父母親特意重遊廈門，希望訪尋故人或其後人，卻見門庭依舊，人面已非，所以父親對此道菜的來源，一直念念不忘，總是抱一線能找到失散故人的希望，更希望他們一家都活得好。

　　我們去年曾在香港煤氣烹飪中心的課程中教授過這道菜，但是改用了雞，做法跟父親所述基本上相同。當日材料中也去掉了筍，因為有些人可能對筍有敏感，我們教學時要特別小心。有學員開心地告訴我，她們把課堂上做的「五香八寶雞」拿回家，當晚沒有吃，第二天吃前，跟足我們教授的方法，再蒸一小時，雞肉和八寶料更入味，家人都大讚好吃。

竹報平安

　　新春裏所見的揮春，最普遍的是「花開富貴」、「竹報平安」之類。售賣食製的酒家，新春的日子裏利用一般高興「好意頭」的心理，菜

名也改成有吉祥的意義。「竹報平安」究竟是甚麼東西？也許為大家
想知道？

「竹報平安」的作料是竹笙和白菌。在古文裏，竹已是象徵平安
的東西，所以選用竹笙；同時，白菌又可代表平安，驟觀之似覺不倫
不類，但白菌的形狀，有點像安字的「宀」頭，以竹笙白菌做成的食
製，名之為「竹報平安」，未嘗沒有道理。

「竹報平安」的作料如上述，做法很簡單：浸透的竹笙和「來路」
的罐頭白菌，用上湯煨過，再燒紅鑊加白饍即成。原來的名稱應該是
竹笙扒白菌，為了「好意頭」，便改作「竹報平安」。

特級校對《食經》摘文

竹笙在雲南稱為竹蓀，上世紀五十年代初父親寫《食經》時，
竹笙是非常名貴的食材，只有富貴人家才吃得起。之所以名貴，因
為當時全是野生的，而且非常難以保存，所以價格很高。竹笙是寄
生在枯竹根部腐葉中的一種隱花菌類，形狀很美麗，有深綠色的菌
帽、雪白的菌柄、粉紅色的蛋形菌托，在菌柱上端有潔白的網狀裙
向下鋪開，所以竹笙有「雪裙仙子」之稱。竹笙營養豐富，多吃能防
治高血壓、神經衰弱和腸胃病，而且口感柔軟，形狀矜貴，被古代
列為「八大珍」之一，曾為宮廷貢品。竹笙主要產於中國的四川、雲
南、貴州、廣西、湖北、江蘇等地，其中以雲南昭通和貴州織金出
產的竹笙最著名。

現在人工培養製成的乾竹笙非常普遍，竹笙不再是稀有食材

了，但其製造過程有不少的爭議，顏色越白就越令人擔心。近年香港有商家由雲南引入冷藏的速凍竹笙，味道和口感勝過乾貨竹笙，也吃得比較放心。

竹報平安
取自「陳家廚坊」系列之《請客吃飯》

川椒雞

人日的風俗各處雖不同，愛吃爛吃的廣東人在人日裏固然是大吃特吃，但其他地方人日也離不了吃，像福建人吃「七寶湯」，安徽人吃「太平團」，都是人日的食製。

據說，人日最重要的大事是看這一天的陰晴，假如天朗氣清，是年必周年旺相，事實上是否如此，就非我所曉得了。

日前所提供的順德「燉鵝」，假如吃膩了，今天不想再吃甘、脆、肥、濃的食製，但又不想吃素，那末，試試醒胃的「川椒雞」如何？

此菜雖名「川椒雞」，而實是潮人菜，略與宮保雞球近似。或許是潮人略師宮保雞球之製法，加以變通亦未可知。

做法：雞項斬件，先用老抽及幼鹽醃過，泡嫩油，備用。辣椒及蔥白切段。起鑊爆過辣椒，隨即將雞肉放入同炒，打饀及加入蔥白。雞肉以炒至僅熟為度，以保持其嫩滑；炒時宜火猛油多。

特級校對《食經》摘文

川椒，又稱蜀椒，即四川生產的花椒，四川菜中最有代表性的麻味是來自川椒。四川菜中的麻辣、椒麻、五香、怪味等各味，都有不同程度的辛麻香味。川椒雞在香港是一味說不清的菜式，按理川椒雞本應是四川菜，但從來只有在潮州酒家才吃到，而大家都認

為這是一道傳統的潮州菜。相反，四川的菜館卻沒有川椒雞，究竟川椒炒的雞是如何「移民」去了潮州，而潮州當地的餐館有沒有川椒雞，就不得而知了。

　　父親在《食經》中所寫的川椒雞，正是「廣東佬唱京劇」，以粵菜手法烹製。想當年香港的潮州菜館大部分是街邊檔，就算西環區有潮州酒樓，菜式烹調也是潮粵混雜，何況在上世紀五十年代初，四川花椒在香港較為罕見，廣東廚師對它認識很少，所以當時川椒雞中無川椒，平常事也。

川椒雞
取自「陳家廚坊」系列之《外婆家的潮州菜》

容縣釀豆腐

客家釀豆腐是東江的名食製，本欄前談過它的製作方法，做得夠水準的，誠可「一快朵頤」。可惜時下的東江釀豆腐，皆徒有其名，材料固不好，做法也不對，懂得吃的或有名的「食家」一旦嚐到這些釀豆腐，會懷疑東江人不懂得吃的藝術。

前文談起在容縣的珊瑚吃過嫩滑而又夠香的豆腐，聯想到容縣的釀豆腐，也是該地名食，但做法與客家釀豆腐又有所不同。容縣鄉下人請客，幾不能沒有釀豆腐。有時也有這種情形，做釀豆腐請客，客人也要幫忙釀豆腐。因為豆腐不用市場上買的，認為做得不好吃，要做得好吃就要自己做豆腐，從磨豆腐做起。工作多麼麻煩，所以客人也不能不幫忙。

做得好的客家釀豆腐鮮、嫩、滑，容縣釀豆腐則爽滑而香。為了要爽滑而香，做豆腐時比普通豆腐多加石膏，磨豆腐時也加入花生。釀豆腐的餡，除豬魚肉外，還有花生和葱花，最特別是加少許糯米粉。豆腐釀好後放在鑊裏煎香，吃時蘸豉油膏。

特級校對《食經》摘文

父親年輕時，是一名充滿抗戰熱情的戰地記者，後來戰火蔓延，被迫率家人避居廣西數年，他對廣西的感情很深，也交了不少生死

之交，惟戰後舉家遷回香港後，與舊友已無從聯絡。他在《食經》中看似輕描淡寫的這段「容縣釀豆腐」，並沒有刻意提及容縣是位處廣西，可見在他的腦海中並無分廣東和廣西。而廣西，永遠是父親魂牽夢縈的一方故土，在那裏留下了他刻骨銘心的回憶，和那份沉重的無奈。

容縣位於廣西省東南部，是玉林市轄下的一個古縣，有一千七百多年歷史，唐朝時稱為容州，明朝洪武十年，改容州為容縣。容縣人口約八十多萬，而旅居海外的華僑和港澳的容縣人，也有八十萬人。容縣人的方言主要是廣東話，當然也講普通話，老一輩的人，不少都會講客家話。

容縣有不少客家人，分佈在縣內五個地區，他們是兩百多年前，由廣東惠州及福建長汀山區，遷移到廣西玉林市，聚居於容縣的。現在容縣有些地方仍保留着客家的古建築，以及客家的風俗，當然，更少不了客家人的東江美食。東江釀豆腐，到了廣西容縣，名字就倒過來，叫作豆腐釀。容縣的特色菜釀三寶，就是把柚皮釀、豆腐釀、菜包釀三種釀菜放一碟，也可以換成豆腐卜釀、苦瓜釀、竹筍釀或南瓜花釀。

父親文中提到的豉油膏，現在的年輕人大部分都沒有聽說過。曉嵐外家從前有一位順德媽姐女佣叫金姐，做豉油雞用的就是豉油膏，做出來的雞香噴噴的，顏色亮麗，令人垂涎三尺。豉油膏是廣東雲浮的特產，但現在已經很難在香港買到了。

—— 紀臨 ——

大地魚燜豬腳

當年桂林有一句形容女人善變的話:「桂林天氣,女人脾氣。」

桂林的天氣冷暖不常,早、午、晚間一日數變,稍住過桂林的人大都曉得。有些女人之多變、善變比桂林天氣更厲害,但以桂林天氣形容女人多變善變,一竹篙打一船人,則未免過火一些。

香港的天氣日來也變得厲害,一兩日之間,寒暑表的升降相差十餘度,盛夏季候忽然又行春令,變的程度比善變的女人更厲害。讀了我們齋公編輯「且涼快幾天」的題目,怕熱的我不期然立時感到一股涼氣襲向心頭。在這樣的氣溫裏,吃的興趣和寒暑表的下降適成反比例。

友人添丁,送來一碗豬腳煲薑,吃完了還想再吃豬腳,敬煩「中饋」弄一個「大地魚燜豬腳」。這是順德人的冬春令食製,不過這兩天的氣候吃這樣味濃的菜式還不算「不時」。用薑片起紅鑊,爆香豬腳,加進大地魚肉,兜勻加水以瓦罉燜之至夠腍即成。豬腳夠濃夠香,可作下酒菜,燜過豬腳的汁和飯同吃,可以增加飯量。

持級校對《食經》摘文

大地魚,潮州人稱為鰈脯。漁民把捕到的鰈魚剖開邊,曬乾之後就是我們在海味乾貨店買到的大地魚。把大地魚烘乾或油炸後再

磨成粉，味道濃香，可增加菜式的鮮味和香味，是父親常備的自製調味品。傳統的廣東雲吞麵中，雲吞餡料就加了大地魚粉，而雲吞的湯也用大地魚的魚骨熬成，所以特別惹味。

大地魚焗豬腳
取自「陳家廚坊」系列之《外婆家的潮州菜》

父親憎恨味精，他說上世紀二十年代日本人把味精帶來中國，從此把中菜烹調搞到萬劫不復，禍延至今，所以他終生堅決反對烹調中菜下味精。

但現如今的中菜，味精的使用侵襲全國，上至頭頂國家級大師名銜的廚師，中至各大餐飲集團的廚房，下至街頭麵點小食店，廚師做菜無不依賴味精，甚至是用類味精的化學增味劑；製作包裝食品就更是用得猖狂，根本不受食品條例管制；連出版的食譜書，無不大模大樣地在做法中寫上要加入味精，作者們渾然不覺有問題，卻令我們為之扼腕痛惜。

我們不是醫生，也不是營養師，且不評論常吃味精是否對身體有害，但是，味精的出現，破壞了中華民族幾千年的飲食文化，對中菜烹調技術的誤導，影響至深。幸好，近年有不少消費者慢慢醒覺了，在一些大城市中，也興起拒絕味精和增味劑之潮，有食肆開始標榜不用味精，這個概念並不新，比起當年父親堅持拒絕味精的信念，足足遲來了大半個世紀。

我們家中都不用味精，父親上世紀五十年代初出版的《食經》，和我們撰寫的十多本中文及英文食譜書，味精和雞粉是絕不出現的，這是我們兩代人所堅守的原則。記得當年大女兒還在唸中學，她有次出於好奇，在唐人街超市買了一小包味精回家，想試試這個從未在家中廚房出現過的東西，結果就被祖父大罵一頓，嚇得她慌忙把那包味精扔到垃圾筒中。這件事令女兒念念不忘，她現在已是兩個女兒的母親，家中從不用味精雞粉，這是我們家第三代的堅持了。

有味糯米飯

　　三年又八個月，就一個世紀而言，是一個很短的日子，但在戰爭或糧荒的日子裏，三年又八個月的歲月是不容易度過的。即使是將三年又八個月的時日縮短為三個月又八日，死不知時，也不知死所的槍林彈雨下的生活也不易過。把生命交給命運主宰，隨時準備結束有涯之生，也許就不會認真難過，但是在飢餓中度過三個月又八日，困難辛苦是難以想像的。第二次大戰期間，在香港捱過悠長的三年又八個月的香港人，每提起三年又八個月的一段歷史，依然還有談虎色變之感。

　　提起用粟米做的點心，想起過去三年又八個月的後半期，有些香港人用綠豆或粟米和米同煮飯，多吃了這些飯的，面孔都帶着菜色。尤其以粟米和米同煮的飯，吃一斤等於半斤，原因是粟米和米同煮，而不曉得先將粟米煲腍再加米，等到飯煮好了粟米仍很硬實，吃進肚裏以後，經過大腸泄出來的，與未煮過的粟米一樣。

　　有些人煮有味糯米飯時加進不少作料同煮，結果有味糯米飯仍不夠味，原因就是作料和米所需的火候搞不清。比如作料中有蝦米或乾貝，應先將蝦米或乾貝熬湯，再以蝦米或乾貝湯作煮糯米飯的水，則糯米飯既夠鮮味，蝦米或乾貝也煮得夠火候。

特級校對《食經》摘文

《食經》中的「有味糯米飯」一段，記載的是在香港在三年零八個月的日佔時期，人們過的艱苦日子。戰後七十多年來，香港逐步發展成國際大都會，人人生活富足，基本上「捱餓」已絕跡，但浪費食物卻是經常存在，再讀父親的這段文字，心中有感，做人真是要懂得惜福！

　　父親《食經》中的「有味糯米飯」，做法是平民簡易版。從前在香港的街頭流動小販或大笪地夜市，在冬天都有賣這種煮出來的臘味糯米飯的，當然，糯米飯中的江瑤柱是欠奉的。我們自上世紀八十年代開始，家裏改為做真正的「生炒糯米飯」，父親特別喜歡吃。當年我比較年輕，有氣有力，「生炒糯米飯」要不停地炒二十多分鐘，還要一面灑水，直至把糯米炒至熟透，但炒出來的糯米飯香味撲面，米粒完整，口感柔中帶韌，手腕雖然疲累一些，但絕對值得！

　　由於家裏所有人都喜歡吃生炒糯米飯，特別是兩個外孫女，我們便繼續研究比較省事的方法。最後得出的方法是在炒前，先用沸水把糯米浸片刻，注意必須是用大沸水，再用清水把米外面的米漿沖洗掉，這樣炒的時間便可以節省，又有硬中帶軟的口感，結果是家裏各人皆大歡喜。但是，如果你遇上一隻容易黏底的鑊，那就想死的心都有了，烹飪班上有學生把糯米炒成了一大團糯米糕，大叫老師救命，但實在回天乏力呀！

　　歲月催人，吾老矣，兩個外孫女已長成少女模樣，生炒糯米飯如此的氣力活，近年越來越少做了。時光飛逝，眼前已是第四代人的世界了。

大豆芽炒豬大腸

「豆豉碗頭」是四邑人的家常菜，「大豆芽菜炒豬大腸」則是四邑人請客的菜。客家人請客的十大碗，幾乎離不開一大碗扣肉，而「大豆芽菜炒豬大腸」則是四邑鄉下人有喜事請客幾乎不能或缺的菜。

香島陷落以後，我在香港人所稱之內地各處流浪，廣東的兩陽和四邑的台、開、新、恩也是我浪跡所經過的地方。第一次吃到「大豆芽菜炒豬大腸」是在台山都斛一個台山朋友家裏的結婚喜筵上，除了這個粗賤菜外，其他都是上品。當時我在想：結婚喜酒為甚麼用這樣的菜宴客？主人不是一個所謂「孤寒種」的人物，其他菜色是上品，也許是四邑人的習俗吧？

第二次在開平沙地的朋友壽筵上，又吃到大豆芽菜炒豬大腸。第三次在荻海橋頭地方吃薑酌也吃到這個菜。當時我禁不住問台山朋友：為甚麼四邑人喜事請客一定有『大豆芽菜炒豬大腸』？台山朋友笑道：「你有所不知，做喜酒吃這個菜是敝鄉的習俗。大豆和豬大腸雖是最粗賤的東西，卻含有極好的所謂『意頭』，豬大腸是長長久久之意，大豆芽有根有葪，所以我們做『大豆芽菜炒豬大腸』，連大豆芽菜的根也不切去的。請薑酌和請吃出門酒更少不了這個菜。如果桌上沒有這個菜的話，鄉下人則認為不好『意頭』了。」至是我才恍然大悟。

雖然是四邑人請客幾乎不能或免的菜，但幾次吃到的都做得不夠

好。大豆芽菜連根姑且不論，但豬大腸必韌。慣做的粗賤菜也做得不好，是否因為粗賤而不注意做法，那就非我所知了。

在香港，酒席請客用到「大豆芽菜炒豬大腸」，必被客人竊笑「孤寒」。

這是普通的家常菜，尤其是食指繁多的，這更是一個又廉宜又「有得夾」的菜，如果製作不太差，也是很可口的。雖是粗而賤的食製，卻也有兩種做法。一個是腍滑的做法，一個是爽的做法。

茲先說腍滑的：用清水將豬大腸洗淨，又用鹽擦過腸的內層，復以清水漂去其鹽味，放在滾水裏將豬大腸煲至夠腍，然後切之每件約一吋長，以筲箕盛之，待豬大腸吹至爽身才用頂豉起鑊炒之。這是腍滑的做法。

爽的做法是：將大腸洗淨刷淨後，破開成一長塊，以刀將大腸內層的油膩輕輕刮去，復在外層斜劃大約隔一分闊的刀痕，然後每件切成約吋半長，放在起蝦眼的滾水裏拖至僅熟備用。

大豆芽所含的水量甚多，且有豆青味，想炒得夠香而又沒有青味，應該這樣：將大豆芽腳切去，洗淨，用白鑊將大豆芽烘乾備用。

炒時薑片起紅鑊，先兜過大豆芽，以碟盛之，再加油少許，爆過頂豉，才傾進豬大腸，兜勻後加入大豆芽，再兜一過，加味起鑊，打饋與否任便。

用薑起鑊目的在辟大豆芽的豆青味和增加香氣。

特級校對《食經》摘文

「大豆芽菜炒豬腸」真有其菜，價廉物美，非常惹味，上世紀五六十年代在香港十分流行。而且還有一個很好笑的故事。

廣東粵劇表演，以前叫作「唱大戲」，從前香港的粵劇多是做神功戲，舞台是竹棚搭的，有人走路就會「吱吱嘎嘎」作響，沒有先進的音響設備，只靠兩支「企咪」，台下人聲嘈雜，小孩隨處嬉戲，小販叫賣聲不絕，觀眾根本就聽不清楚戲中曲詞。有時伶人演出中途會失魂「發台瘟」，腦袋突然一片空白，忘記了曲詞，有經驗的老倌就會跟着鑼鼓音樂即時有板有眼地「爆肚」，而經驗淺的小角色會即時呆住，不知所措，回到後台肯定被班主臭罵。有一天，名伶梁醒波在台上，唱到快中板，突然忘記了曲詞，波叔不慌不忙，唱道：「為王唔食辣椒醬，大豆芽菜炒豬腸……」，跟着後退兩步轉身再接着「……哇啦啦……啦……」啦到想起曲詞來。如此妙句，後來就在香港傳開了。

在四川成都，到處都有賣肥腸粉的小食店，還有一條街兩旁都是專賣肥腸的餐館，看來四川人比廣東人更愛吃豬大腸。朋友帶我們去一家專賣肥腸的百年老店，樓高兩層，樓下大堂坐滿了人，二樓是房間。我們五個人點了七個小菜，都是不同做法的豬大腸，包括有粉蒸肥腸、紅燒肥腸、滷肥腸、拌肥腸、辣子肥腸、血旺肥腸和乾煸肥腸，最後每人還來一小碗肥腸豌豆湯飯，全部絕無腥味，甘腴可口。

自家做豬大腸的菜式，吃得更放心。除了大豆芽炒豬腸，我們常做的另外一道菜是甜酸菜炒豬腸，甜酸味加上辣椒更能帶出肥腸

的美味。有一次，我們在家裏請吃飯，朋友預先點名要吃甜酸菜炒豬腸，當天晚上還有豆腐腦花、豉油皇雞腸、蒜泥白肉和杏汁白肺湯，我把這一頓飯叫「勇者無懼宴」，簡直是對膽固醇的全盤否定。

豬腸要做得好，用水煮豬腸是必須步驟，水中加白醋和薑片可除掉豬腸的腥味。學會了處理豬腸，再做炸大腸、滷水大腸、鹹酸菜炒豬腸、糯米釀大腸等菜式，就輕而易舉了。

菊花魚雲羹

颶風小姐幾度困擾以後，荏苒韶光，轉眼又是團圓節。

據說今年的月餅市道不及去年，惟比往年差到甚麼程度，是不為一般人們所關心的。不過，月餅市道的好壞，也正是香港商業寒暑表升降的反映。

俗諺說：「八月十五是中秋，有人快活有人愁。」在不景氣的陰影籠罩下迎接中秋節，「有人愁」的「有」字似乎要改作「多」字比較應景。

李太白的「人生得意須盡歡，莫使金樽空對月」，在這個年代的香港人，是頗為合用的。因為香港是東西冷戰的前哨，假如有一天，冷戰會變為熱戰的話，縱有金樽、明月，也許不容你有「對」的閒情。

值茲佳節當前，「整幾味，飲兩杯」，才不辜負此有涯之生。我也趁此佳節提供一味：「菊花魚雲羹」作為諸君做菜賀節的參考，這是做法簡單而味美的食製。

作料：雞絲、魚頭雲、豬骨髓（豬骨裏白色的東西）、白花膠絲、冬筍絲、火腿絲、菊花瓣。

做法：先將魚雲洗淨，撕去魚鰓邊的黃膠，加上鹽、酒、薑汁蒸熟後，去骨留肉。白花膠先要滾脹，冬筍絲亦要出過水。

起紅鑊，先落雞絲，然後加進其他作料混合，用上湯或有味湯煮之至熟，加味以碗盛之，加上少許蔴油、古月粉，最後加上菊花瓣，就是菊花魚雲羹。

特級校對《食經》摘文

菊花魚雲羹，在上世紀四五十年代的香港十分流行，每年秋季，酒家都會推出這道菜，父親在《食經》中亦有收錄。父親寫「菊花魚雲羹」的時候，是 1951 年，正值朝鮮戰爭時期，香港雖不是兵荒馬亂，但美國的禁運直接影響到香港，市面經濟蕭條，大量國內人湧入，失業的人很多，再加上颱風襲港，香港人心煩悶。父親在「菊花魚雲羹」中所寫的，正是有感而發。

說起魚雲，並非只有廣東人喜歡吃。有一年，正值深秋蟹肥時，我們的老朋友美食團一行四十二人，從杭州入蘇州，再到揚州和南京，沿途盡吃江南美食，臨回香港的前一晚，到我朋友沈兄在南京開的餐館「真知味」吃晚飯。兩個月前已經訂好他們著名的「蟹粉拆

菊花魚雲羹

魚羹」，我三年前吃過，滋味難以忘懷，故率眾老饕再到「真知味」。
當晚一反大堆頭的晚宴習慣，沈兄為我們只上四道熱菜，為的是要
讓我們專心吃「蟹粉拆魚羹」。上桌的是四十二個燒得滾熱的石鍋，
下面沒有點火，但蟹粉和魚雲在每位客人面前沸騰，不是吱吱作
響，而是噗噗翻滾，真難為了小心翼翼上菜的服務員，更想不透廚
房如何能同時燒燙四十二個石鍋，上了桌每鍋蟹粉仍然沸騰。待得
驚喜未定，味道卻是驚為天人，拆了骨的魚頭大如拳頭，蟹粉滿滿
地融入其中，香滑無比，令人讚歎。眾人吃得石鍋也朝天，都說光
為此道魚頭，也值得遠道而來了。

——紀臨——

汕頭里的操記

　　四十年前香港東區的大餚館，為香港人所熟知的，其中之一為汕頭街（過去叫作汕頭里）的操記。

　　操記的老闆梁姓，籍順德，單名一個操字。早年業野雞車（即今之白牌車），是個很標準的肥佬。他是有名的冬泳健將，太冷天時仍穿一件白洋布單衫，黑膠綢褲，春、夏、秋三季則連白洋布衫也不穿，坐在櫃枱上直如活彌勒佛。熟客多以操記稱之，叫他一聲大肥佬，也不以為忤，且報你以一笑。

　　梁操先生改業大餚館後，也經過不少「大力鬥爭」。如初期賣燒滷不得其方，嚐過見財化水的滋味，知道自己還不懂得此中訣竅，便常到中環街市側的有名燒臘店門前「偷師」，細看站在高砧板後邊的賣手如何「低頭切肉，把眼看人」，致引起店中人懷疑此肥佬有甚麼意圖。

　　操記原本是一間兼賣燒滷的大餚館，以薄利主義招徠食客。其後食客日眾，尤其夜間，不得不在門口也擺些桌椅，最鼎盛時擺在街邊的桌椅，幾佔了半條街。於是大餚館的操記，同時又是大牌檔——大牌檔的爐鍋也在街邊，並無廚房。

　　操記的成功，先天的條件由於老闆是精研飲食的順德人，早期親自動手的小炒，味道「鑊氣」未必比名廚差到哪裏去。彌勒佛的笑臉也予食客好感，「絕招」可能是深諳「人民眼睛是雪亮」的道理。如做

掛爐鴨的光鴨，三斤才「夠身」，光鴨漲至每斤三元六角，三斤光鴨成本是十元八角，每隻賣十二元，毛利只得一元二角。味料、炭火、人工都包括在內，是無利可圖的貨物。眼睛雪亮的食客，開口點菜第一個多是掛爐鴨半隻（六元）或四分之一（三元）。又如揚州炒飯每碟賣一元二角的年代，雞蛋漲至每隻三角，操記為表明並無因貨就價，索性不煎蛋絲，每碟炒飯另煎一隻荷包蛋放在炒飯上面。

　　人說「創業難，守業更難」，就上述的幾椿小事看，則馬、甄、梁三位先生可否置身於飲食行業中的強人之列呢？

特級校對《鼎鼐雜碎》摘文

　　這是上世紀五十年代初的事了，記得我還是個小學生，那時候常跟着父母去灣仔操記吃飯。一是因父親與梁操熟稔，二是因為操記的菜好吃又便宜，三是因為帶上我們兄弟姐妹五個「馬騮精」，還是去操記大牌檔為上。

　　操記是當時香港著名的粵菜館子，與鏞記、斗記、九記、合記、昌記等合稱「六記」，最拿手的菜式是「掛爐鴨」和「處女肥雞」。父親「特級校對」與操記老闆梁操是好朋友。有一次放暑假，父親帶着全家去梁伯新界的家中做客，我們五個「化骨龍」風捲殘雲地吃了梁伯一大頓，剛吃完一大碟「處女肥雞」，看來還未夠滿足，梁伯便即席宰雞做了一大瓦罉的葱油雞，味道更勝一籌，醬汁之美味，令我們五個小孩把人家的米飯全部吃光。父親大為讚賞，便向梁伯請教了這道菜的做法，於是我們家便有幸把它承傳下來。之後幾十年，每當家中做瓦罉葱油雞，父親就會講起他與梁操交往的故事。

瓦罉葱油雞
取自「陳家廚坊」系列之《經典香港小菜》

　　瓦罉葱油雞，並不是當年粵菜館流行的菜式，更不是一般家庭主婦懂得做的家常菜，幾十年後就更加沒有見過。現在坊間做的「葱油淋雞」或「薑葱霸王雞」，都是把雞浸熟成白切雞之後，用多油爆香大量薑和葱珠，再加所謂的白切雞豉油，淋在斬件的白切雞上，葱珠蓋過雞，見葱不見雞，做法慳水慳力，但與當年梁伯做的葱油雞，是完全兩碼子事。父親另一老朋友粵菜名廚陳榮，在 1955 年所著的《入廚三十年》，也有記載「葱油雞」，做法與梁伯所授大致相同。

　　我們把操記的瓦罉葱油雞，收錄在食譜書《經典香港小菜》中，學生葉冲在他的私房菜冲菜中做了這個操記名菜，結果大受食客歡迎。大半個世紀匆匆而過，梁操伯在天之靈，若知道有人承傳他的首本名菜，應該會感到很安慰。

——紀臨——

豆芽菜的前世今生

　　山珍海錯的食製，固為一般人所愛吃，但天天都吃山珍海錯，毫沒變化，也會覺得太膩而乏味。尤其是大熱天，豬、牛、雞、鴨之類吃得太多，有時會覺得清淡的青菜比葷的食製好吃。

　　宜於夏天吃的素菜，種類很多，現在要說的是「涼拌芽菜」。「涼拌芽菜」的好處在爽口，製作簡單而又經濟，可算是家常食製的夏令佳品。

　　作料除細豆芽菜外，配製的作料是豉油、浙醋、蔴油、熟花生油、白糖、鹽、芥末、酸薑、蕎頭。

　　做法是：（一）將芽菜去頭尾，以清水洗淨後用沸水拖至僅熟，放箔箕上至乾水後才以碟盛之。

　　（二）酸薑、蕎頭切絲，置於盛芽菜的碟裏，加進適量的豉油、蔴油、浙醋、白糖、幼鹽、熟油、芥末拌勻即成。

　　夏令食製種類雖多，「涼拌芽菜」可以說是最便宜的家常菜，味道也不壞。

特級校對《食經》摘文

　　豆芽菜是窮人恩物，世上萬千變化，豆芽菜仍是市場上比較便宜的食材。廣東及香港常見的豆芽，是黃豆浸發出來的大豆芽菜，

綠豆浸發出來的叫作細豆芽。我們吃了豆芽幾十年，誰知 2019 年 4 月中，到河南鄭州一行，才知道豆芽菜有很多品種，還品嚐了一席精彩的「中華豆芽宴」。行萬里路，吃各省各處不同的中菜，學海無涯，每每都有驚喜，不斷增長知識。

我帶領的文化美食團，參加的都是我們的「吃貨」朋友，每次組團都很快爆滿。我是負責策劃行程和安排美食的工作，之前最少要花四個多月的工夫，務求令老友們滿意。今次中原旅行的行程，以到中原洛陽看牡丹節為號召，但主要是到四個中國古都，包括：鄭州、安陽殷墟、洛陽、開封，參觀歷史文化古蹟。

河南地處中原，是中華民族的發源地，幾千年的歷史文化古蹟非常豐富。我為安排河南的美食而發愁，便請教成都許家菜的許凡大師，他告訴我，美食團到河南，一定要品嚐國家級烹飪大師李志順的菜。李大師曾是北京釣魚台國賓館的名廚，師承國寶級廚藝大師侯瑞軒學習國宴菜，做的菜招待過不少外國元首。1999 年李志順把國宴菜帶到河南老家，白髮蒼蒼的侯瑞軒大師親自做技術指導。2013 年李志順重新啟用三百年家傳老字號「二合館」。雖然很多人慕名而來做學徒，但大師對徒弟有着很高的要求，最重要的是「習藝先修德，無德難成藝。做菜如做人，菜品即人品」。

李大師為我們美食團計劃了一次晚飯及一頓午飯，晚飯是抵埠當晚的「中華豆芽宴」。我一聽晚飯是吃豆芽，很是擔心，怕團員們吃不飽，飯後還要車行兩個多小時趕路去安陽入住酒店。李大師安慰我，請我放心，但我仍然是不放心，叮囑領隊帶備餅乾和咖啡奶

茶，以防團員朋友們晚上會肚子餓。

　　出發的那個下午，由香港直航抵達鄭州，大隊人馬甫出機場，便到比較靠近機場的二合館，一場跨越一千四百公里的豆芽之約開始了。迎接我們的是李大師和他的弟子們。在場還認識了一位中國著名的豆芽狀元李先生，他在黑龍江自設的大豆種植基地，堅持用三百五十米深的井水來孵化豆芽，採用智能控溫控濕的生產方式，企業日產綠色豆芽六十噸，是全球產能最大的豆芽生產基地。

　　餐桌上放了幾大盤鬱鬱葱葱的豌豆苗，春意盎然。首先出場的，是十六道各種不同豆芽和新鮮時令野菜做的精美涼菜，爽口清香、鮮嫩無比的小涼菜，令人目不暇給，洗滌了所有人路途奔波之勞累，帶來清新的感覺和口腹的滿足，我之前的擔心立即一掃而光。

　　五道熱菜陸續呈上：清湯豆芽竹笙湯、酥皮五芽海鮮盅、青豆芽燜花菇火腿、黑豆芽酥肘子焗飯、糟溜韰豆……新鮮的食材，近乎完美的湯頭，精緻而不做作的分餐，用心的食材搭配，讓豆芽這種上不了大場面的平民食材，瞬間變得高大上。

　　我們真的沒有想到，豆芽宴可以做得如此精美，味道清淡而不寡，鮮香爽脆而不油膩，而且不加味精、雞粉和任何添加劑，全靠足料講究的清湯和濃湯。

　　芽菜呀芽菜，且看你的前世今生，就像由毛虫蛻變的花蝴蝶，翩翩飛入高級料理羣體之中，為人們帶來無限的驚喜和讚歎！

—曉嵐—

安徽的鍋燒鴨

「大餚館」、「為食街」、「地檔」的食製，應該用「為食街」、「地檔」的作料製法來衡量它的好壞，而家常菜也有家常菜的標準，吃酒家的菜如果以「為食街」或家常菜的標準去衡量它的好壞，又用吃酒家菜的標準去批評家常菜或「為食街」菜餚，同樣可說是走錯路線。

所謂有地位的人士，要招待最「架勢」的貴賓，以「菜色愈平凡，愈可表現廚師技巧」，這樣表現中國的烹飪藝術，弄出一個貴賓在西菜已吃膩吃厭了的「鍋貼石斑」，那只顯示主人的文化水準不高，同樣是走錯路線。

以廣東人習慣的清淡味道去批評山東菜做得不好，以習慣吃甜味的江南人口味來批評廣東菜味道淡薄，也同樣是走錯路線。吃山東菜應該用山東菜的標準去衡量；吃川菜，吃粵菜，也應該站在川、粵菜的角度去欣賞，才知是好是壞。

習慣吃濃膩的人，吃其他濃膩的地方菜，容易察覺好處。廣東人慣吃清鮮不濃膩的食製，我以為安徽菜會比較合廣東人的胃口。我第一次吃到安徽菜並不在安徽，而是在山西的臨汾。其時太原已陷敵手，同蒲路的平遙以南仍在國軍手中，臨汾成了山西的軍政重心，第二戰區司令長官的司令部也設在臨汾。我在臨汾吃到的安徽菜，就是當時司令長官衛將軍的大司務所做的菜。其時晉局初定，第二戰區

正重新佈署一切，雖有美好食製，然在兵荒馬亂之餘，也不易提起興趣，不過當時覺得安徽菜也很合廣東人的口味。後來雖再嚐安徽菜，然因敵騎遍中原，也無心仔細欣賞了。

去週末，齋公李伯伯以予為愛吃爛吃之徒，經由「最好的老師」柳存仁兄召予過九龍，於蕪湖街福樂菜館晚飯，初不知為安徽菜也。既食而甘之，尤其「鍋燒鴨」，色、味、香俱佳，誠為上品，因叩問李伯伯做法，荷蒙賜答，用特誌諸《食經》，供老饕們研究。

特級校對《食經》摘文

遇到很多次，有人問我們，怎樣才可以成為美食家？我的答案就是：「讀千本書，行萬里路。」父親之所以對飲食有研究，實有賴於他年輕時做了十多年的戰地記者，而且朋友遍天下，更重要的是，他有一顆好奇心，到處吃到處問，而且用文字記錄下來，於是就有了《食經》。

人們把精於品嚐美味佳餚的人稱為「美食家」，這是一個尊稱，應該說，沒有自稱的，必須得到社會認可。父親曾再三叮嚀我們，見到別人做菜上出現的問題，如果我們心中還沒有想好改善的建議，就沒有資格去妄下批評；甚至要讚好的，也要說得出好在甚麼地方。開口說話，必須話能服人，言之有物，這樣自己也長知識。

現在社會上充斥着不少「美食家」，都有着不同背景的商業原因，因他們都有支筆，能影響公眾，更有些是電視明星，更能影響公眾。於是，只要是與「吃」字有關的，一下子都成了「美食家」甚

至「食評家」！

我們比較熟悉中菜，也只會談中菜，對於其他的外國菜，絕不敢「舢舨充炮艇」。中華飲食五千年歷史，博大精深，哪怕你吃盡天下名店，怎麼也得有良好的飲食文化和技術基礎，更要見多識廣，對各省的名菜名廚名館，不至瞭如指掌，也應有所認識，起碼對於各地名饌的由來有所了解，或能引用歷史經典，能做到這一步，才能體現出知識成「家」的風範，否則，也只能在媒體上泛泛吹捧或謾罵。這種由傳媒變種成「美食家」的人，在國內和香港，我們見得太多了——有個網站或專欄地盤，就成了「美食家」甚至「食評家」，其實充其量是「撈家」。

時勢造英雄，吹噓出網紅。有一天，我們接受某雜誌的訪問，要拍攝兩道菜，那位年輕編輯突發奇想，請來一位男網紅來點評助威。此君姍姍來遲，入門就嚷：「我只得十五分鐘！」直行至枱旁，吃了一口我們做的魚香茄子，立刻說：「點解有鹹魚味呀！」原來吃慣港式茶餐廳的小王子，不知何物為川菜的魚香茄子！另一件更經典的真實笑話，有天我在報紙的專欄上，見到某「食家」白紙黑字寫着：「鮫魚游呀游，游到冬天就變成馬友魚」，我瞪大眼睛看了三次，沒錯，他的確是這樣寫，煞有介事地寫。嗚呼哀哉！

—— 曉嵐 ——

豬油菜飯

讀者白練先生來信說：「我是先生的《食經》迷，惜因事離港，近期報上刊登各節，剪而不全。未知《食經》三集何時出版，可否預訂。又嘗吃上海館之排骨豬油菜飯，極甘美可口，未知此種排骨及菜飯如何製作，至盼能在《食經》中予以介紹為幸，有瀆清神，乞諒。」

答：排骨豬油菜飯，實在是豬油菜飯加排骨。上海大世界旁的小館子賣「豬油菜飯」的很多，十餘年前每客兩角洋鈿。豬油菜飯是用菜心加豬油煲飯，沒有甚麼特殊，不過在香港要吃就不大容易，因為上海米比香港常吃的絲苗米香，初到上海的廣東人都會增加飯量，就因為上海米好吃。

豬油菜飯除了排骨，還有紅雞、燻魚、腳爪、四喜、珍肝等豬油菜飯，排骨只是豬油菜飯的菜。豬油菜飯宜在冬天吃，若要有上海風味，那就一定要用上海米了。

特級校對《食經》摘文

由清朝末年開始，上海成為當時中國重要的對外通商口岸之一，碼頭和倉庫的貨運非常忙碌，附近農村有很多窮人跑到這些碼頭和貨倉當苦力，這可能是中國第一代的農民工。這些農民工在上海賺取血汗錢，生活十分節儉，碼頭附近有些小販，就用最廉價的

上海青加在有鹽的飯中同煮，賣給這些碼頭工人吃，成為當時稱為「苦力飯」的第一代菜飯。後來菜飯就在上海慢慢流行起來，加入了鹹肉這些配料，從此也不再是「苦力飯」了。

上世紀六十年代末，自曉嵐這個「港產外省媳婦」嫁入我家，帶來了不少江浙上海菜式，上海菜飯就是我們很喜愛吃的家常飯。父親還堅持保留菜飯要「有些少豬油」，說否則小棠菜缺油，飯味就不是那一回事了，而且肥肉炸油後的豬油渣非常可口，混在菜飯中偶然脆口一下，人間美食也。事實上，如果每天早餐吃牛油搽麵包，或者一塊牛油蛋糕，牛油的膽固醇比一碗豬油飯「勁」得多，為何要為偶然吃一次豬油飯而感到害怕呢？

分享我家上海豬油菜飯的做法：用白米兩杯（電飯鍋量米用的杯），洗乾淨後瀝乾。上海鹹肉用清水泡浸一小時取出，再蒸十分鐘，然後切成半厘米厚片。肥豬肉切粒備用。把小棠菜（上海青）洗淨，在開水裏迅速汆一下，拿出瀝乾切碎。先在鑊中下一茶匙油，放進肥豬肉粒，炸出豬油後，豬油渣拿出留用。把蒜茸下在有豬油的鑊中略炒到出味，加入白米同炒勻。把炒過的米放在電飯鍋裏，放進一茶匙鹽，按正常煮飯加水煮飯。當米飯開始收水時，放入鹹肉同煮。飯熟後把切碎的小棠菜和飯拌，焗一分鐘，最後撒上豬油渣即成。小棠菜不要焗得太久，否則會變黃，賣相就不好看了。

——紀臨——

瓦罉煲飯

　　有興致到廚房去的人，大多數是：第一學會煲滾水，第二學會煮飯。

　　煲滾水沒有甚麼技巧，飯煮得好壞就大有研究。煮飯而煮得燶、生、爛的，根本未夠條件，固不必說，煮得好的也不過是軟硬合度，但不能刺激吃飯者的胃口。飯煮得好不好，第一是米好不好；不好的米當然不會煮得好飯。第二是煮的用具，第三才是方法。

　　我認為住在廣東，吃廣東米最佳的是增城絲苗和南海鹽步的齊眉，煮飯的用具最好是瓦罉。至於怎樣才是煮得好的方法？請看下面的故事自會明白。

　　從前廣州的八珍酒家是以飯煮得好馳名遠近，而煮飯的「候鑊」比燒菜師傅薪水多，每天只是飯就賣三四擔米。當時到八珍酒家，目的在吃飯者比吃菜的多。

　　為了好奇，我有一天特地跑到八珍的廚房去，看見煮飯的瓦罉凡二十多個，專為煮飯用的爐眼也有十二個，用來煮飯的米已洗了三四籮。那時煮飯師傅正周而復始的煮了一罉而又一罉，每一罉飯落米加水之後，還加上一羹豬油和少許鹽，至此我才恍然大悟，「八珍」所煮的飯特別好吃，就在飯裏有豬油和鹽。

後來我自己研究所得，要煲得像八珍酒家一樣好吃的方法是：將米一斤洗好，以竹籮盛之（不能用水浸）約三刻鐘，方將米放進瓦罉裏。加進豬油一湯羹，鹽一茶羹十分之一。

特級校對《食經》摘文

小時候，香港的元朗有出產稻米，名為元朗絲苗。元朗有一條街道叫作谷亭街，位於元朗大馬路恆香老餅家的斜對面，這條短短的街，既沒有山谷也沒有亭，卻名為谷亭街。

谷亭街這名字，是有一段歷史故事的。明末清初，海盜和日本倭寇在中國沿海猖獗橫行，而當時清朝剛入主北京，鄭成功在台灣又意圖反清復明，清朝廷便於公元 1662 年即康熙元年，頒佈了遷海令（遷界令），下令沿海五十華里（二十五公里）內的居民都要遷離，房屋要銷毀，百姓一律不准出海。那時香港的元朗、天水圍、青山灣、后海灣一帶的鄉民及漁民本來生活還算安定，可是遷界令一下來，這一帶的地區包括整個元朗平原在內，都變成了廢墟。到了 1669 年清朝廷取消遷海令，居民回到元朗生活，後來元朗平原也恢復了種植稻米，從前坐車去元朗，路上兩旁都是種稻米的農田。當時元朗開設了一個大型的民間墟場（現在的元朗舊墟原址），墟期是每月的初三、初六、初九、十三，餘類推，每月九天。

當時在墟裏交易的貨品以穀米為主，墟主在場內修建了一個有蓋的大谷亭，亭內有公秤，買賣雙方以公秤的重量為準。直至上世

紀七十年代，港英政府大力發展元朗，舊墟場的位置變成為了元朗市中心，舊建築物陸續被拆卸，到了 1984 年之後，留下的就只有谷亭街這個名字了。

父親很喜歡吃瓦罉煲仔飯，他常說，最好吃的瓦罉煲仔飯，是用增城絲苗米和南海鹽步的齊眉米來煮。但是，這兩種米，記得由上世紀七八十年代起，已經很少出現在香港的市場，特別是南海鹽步的齊眉米，早早就絕了跡，代替的是泰國和澳洲的絲苗白米。後來，日本米也進入了香港市場，不過，由於價錢比較貴，未能普及化，而泰國、越南生產的絲苗米，始終獨領風騷！

鹹魚肉片煲仔飯
取自「陳家廚坊」系列之《粥粉麵飯》

玫瑰油雞

提起劏生雞，同時又聯想到「玫瑰油雞」。

香港還未禁娼以前，石塘咀不是今天的模樣，而是像廣西境內的「特察里」和廣州往時的陳塘，夜夜笙歌，飛觴醉月。其時塘西酒家林立，中有一家以「玫瑰油雞」為最膾炙人口。禁娼後不久，該酒家因營業不景，亦告倒閉，聞名港九的「玫瑰油雞」也和「塘西風月」一樣，成為歷史陳跡。

「玫瑰油雞」是用玫瑰花和豉油泡製的雞，吃來味甚鮮美而又有很濃的玫瑰香味。做法是摘取玫瑰花花瓣，以糖醃之，又以豉油生抽做成一種滷水，加上少許玫瑰露，再加進用糖醃過的玫瑰花，煮滾之後，將劏淨的嫩雞放在有玫瑰花的滷水裏，慢火浸至僅熟就是「玫瑰油雞」。

本來玫瑰油雞做法實在和豉油雞差不多，但是做得好與不好，第一要看玫瑰滷水的調味如何，第二看浸雞的火候是否恰可。

玫瑰花開的季節，有興趣的，何妨一試？惟是要做得好，我想一次是不會成功的。

特級校對《食經》摘文

當年石塘咀塘西酒家著名的玫瑰油雞，是用真的玫瑰花瓣用糖醃好來製滷水，再加入玫瑰露酒，所以玫瑰香味很濃，其他行家也很快跟風學習，父親也照版做過。後來，大家都知道市面上的玫瑰花，種植時都會噴上殺虫劑，餐飲業也不敢再用來製滷水，而改為只用玫瑰露，這樣的玫瑰油雞一吃便是大半個世紀。現在除了高級食肆，很多菜館和燒臘店為節省成本，已刪去玫瑰露，變成更簡單的豉油雞。

　　廣東人都會自己在家做白切雞，但比較少人在家中做豉油雞，覺得很難做得好，通常在煮到雞腿位置熟了時，雞胸肉就會過熟了，所以多數人就不如在燒臘店「斬料」買外賣算了。

豉油雞
取自「陳家廚坊」系列之《經典香港小菜》

豉油雞，原創於民國時期廣州的食府，也稱為「桶子油雞」，意思是用小鍋滷水豉油，每次浸一隻雞，以標榜其精心製作的身份。現在廣東燒臘店做豉油雞的方法，可能有些仍叫作「桶子油雞」，但已經是改用一大桶調好味的滷水豉油汁，把多隻雞一齊放下去浸煮至熟，店內的那桶汁是每天加料，每天浸雞，不會浪費之餘，滷水豉油還是店中的鎮店之寶。

　　不少家庭主婦在家中做豉油雞，是仿效燒臘店的方法用滷水豉油浸雞，由於汁的份量必須浸過整隻雞，結果做完之後留下大鍋滷水豉油，不知如何處理。更有一位所謂美食家，在電視節目上教觀眾用一整瓶豉油加水來做八隻雞翅膀，相信做完之後肯定會留下一大鍋豉油汁。

　　豉油雞的味道做得好，要豉油味中帶焦糖味，大桶大鍋的製作，水分放得多，雞很容易浸熟，但不可能有焦糖味，因為會糊了醬汁。我們家做的是傳統廣東豉油雞，只用少量優質頭抽來煮滷水，按雞不同的部分及雞肉的厚度，用不同的時間煮製，這樣便要多次把雞身滾動以及不斷淋汁，煮的時候必須小心看護，不能走開，也等於是要耐心和精心製作了。但這樣做出來的豉油雞，濃稠的雞汁帶焦糖味，雞的肉質嫩滑，各部分位置烹調得剛好，而且又不會浪費豉油，味道比燒臘店買的好吃多了。當然，這方法首要的是選用上好的頭抽，而且每次只能做一隻雞，不適合餐飲業製作。

—紀臨—

釀錦荔枝

　　苦瓜是夏天瓜菜中的佳品。苦瓜因苦澀味濃，不愛吃的固大有其人，愛吃的則認為是上品。苦瓜的皮多痱瘰，有點像荔枝熟後的外殼，有些紅黃色，因此有人稱之為錦荔枝。

　　苦瓜做食製最多是炒牛肉、炒田雞、炒雞球和煮三黎魚等。無論用來作炒或煮，要做得好吃，必離不開用蒜豉起鑊。廣東菜苦瓜不用蒜豉者不多見，因為苦瓜味濃，以蒜豉配製可收相得益彰之效果。

　　釀苦瓜的作料有人用豬肉和魚肉，我則認為用鮮蝦最佳，因為蝦也是味濃的海鮮。

　　做法是先將苦瓜劏開，取去瓜仁，以少許梳打粉將苦瓜「出水」，漂去苦瓜的苦澀味後備用。鮮蝦去殼後，以刀背剁之成醬，又用筷子捎之成膠狀，才釀進已出過水的苦瓜裏，最後以蒜豉起鑊，炆之至熟即成。吃時切件與否，悉聽尊便。如要做得好吃，釀蝦膠之前，在苦瓜裏放一塊紫蘇葉。

特級校對《食經》摘文

　　苦瓜，廣東人稱為涼瓜，又名錦荔枝，父親在《食經》中介紹的這道釀錦荔枝，其實就是蝦膠釀苦瓜，這是我家的長輩們都愛吃的一道菜。苦瓜又名半世瓜，即是說，有些人年輕的時候不吃苦瓜，

到了年紀大一點的時候卻愛上了苦瓜，這可能是因為年輕人生活經驗較少，吃到苦味就容易放棄，年紀大了的時候，卻能理解到苦盡甘來的味道，這是因為味蕾慢慢適應了，同時也能領略到一種人生哲理。

苦瓜是夏季的最佳蔬果之一，含豐富維他命 B 和 C，又有大量礦物質，能促進皮膚的新陳代謝，有消暑解熱、利尿活血、清心明目、健脾開胃的功效。苦瓜可生吃或熟吃，熟吃苦瓜可炒可燜，我們 2018 年底出版的《回家煲靚湯》，更介紹了一道消暑解熱的老火湯「涼瓜淡菜鹹排骨湯」，大受歡迎。苦瓜含苦瓜甙，生吃具有降血糖的作用。苦瓜更含豐富的清脂素，對減肥瘦身有幫助。

市場上常見的苦瓜品種不少，常見的有英引苦瓜、雷公鑿苦瓜、白玉苦瓜、沖繩苦瓜、印度苦瓜等。如果不喜歡苦瓜的苦味，可在汆水時可加入少許食用梳打，苦澀味即減，另外一個做法就是用少許鹽，把切好的苦瓜放在筲箕裏醃五到十分鐘，讓苦瓜的苦汁流出，這樣便可以減低苦味。新鮮苦瓜不宜冷藏，放在陰涼通風處便可保存。切開苦瓜時，如果見到瓜籽變成紅色，是表示苦瓜已熟透，但照樣可吃。

—紀臨—

味鮮而清

讀者龍君實君來信說：

昨日友人請春茗，我叨陪末座，上了四五個菜後，吃到一個湯，味鮮無比，但清到像清水一樣，（我敢保證，這一碗絕無味精的味道，我也討厭吃味精的，稍有味精的饌餚，總騙不了我的舌頭），使我十分驚奇，味鮮無比的湯，為甚麼會弄得像清水一樣呢？清的湯我也見過，清得像清水一樣的湯，生平還算是第一次吃到。未知先生能否為我解答上述問題……

答：來信並沒說明你所吃到的是甚麼湯，煲的或燉的。就一般來說，燉的湯較煲的為清，但如你所說的，清到像水一樣，而味鮮無比，真不多見。

據我的推測，燉的湯也不見得完全沒有燉的作料的顏色，但煲的湯倒有一個弄得清的方法，這方法是當有肉類的作料湯煲好後，停火，將六兩全瘦豬肉，剁成肉茸，以三兩清水拌勻，傾進湯煲裏面，然後用最慢之火，將湯煲至滾即停火，約十五分鐘後，徐徐將湯傾出，則湯會很清，湯裏濃濁的東西，就會滲進瘦肉茸裏而下沉煲底了。你所喝到像清水一樣的鮮湯，也許是用上述方法製的。

特級校對《食經》摘文

2016 年我們在國外出版了英文食譜書 *China: The Cookbook*，出版社 Phaidon 安排我們到歐、美、澳洲好幾個國家去做發佈會，其間接受了百多個媒體的訪問，當中最多外國媒體問的問題，就是中菜和西菜最大的分別是甚麼。

中菜和西菜其中一個分別，是高湯的運用。中菜的高湯，主要是用作提鮮的手段，高湯是中菜的基礎，是中菜的靈魂。

高湯在傳統中菜製作中，所起的作用非常重要，「無湯不成席」，並非單指席上有沒有湯羹，而是指烹調中所使用的高湯。在沒有味精雞粉的年代，高湯是廚師調味不可或缺的靈魂。我們陳家幾代的家宴，從來都是未做菜先吊湯，絕不添加味精雞粉。沒有善用真正高湯，何謂講究的高級中菜？又何謂大師級廚師？

明清兩代以及民國時期，北京的貴族和大戶人家，紅白二事、祭祀或慶典，流行聘飯莊的名廚到府上到會。在之前一天，先派徒弟帶着材料及一兩個大湯桶到客人家烹製高湯，一桶是慢火烹製的足料清湯（稱為吊湯），再講究的話，第二桶是大火燒製的奶湯，用來炒燴蔬菜。這徒弟會徹夜不眠地盯着把高湯熬好，第二天交給大師父，才能回家睡覺。

山東魯菜三千年歷史的製湯技術，是百菜之母，它直接影響了中菜烹飪技術的發展，尤其是作為擁有歷史上四個文明古都的中原地區，以及南宋遷都臨安（杭州）後發展起來的沿海省份。雖然如此，製作高湯的方法，各地都不盡相同，而同一菜系中，因應於不同檔次的菜餚，所用的高湯，也有不同。

講究的高湯分為奶湯、清湯和三套湯。三套湯最為講究，是山東魯菜傳統的高湯，歷史悠久，用三套材料，同樣是雞、鴨、豬骨、肘子，但分三次熬成。奶湯和清湯則在各省菜餚上都有

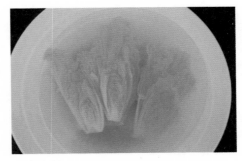
開水白菜

用，四川的「開水白菜」就是一個很好的例子。

　　「開水白菜」是傳統的四川名菜，主要的材料就是一煲靚高湯。2016 年我們在成都認識一位教烹飪的楊文老師，她教了烹飪三十多年，桃李遍天下，徒弟中不乏著名的烹飪大師。我們和楊老師一見如故，有次她特別為我們親自示範幾個經典川菜，歎為觀止，其中就包括了「開水白菜」。

　　「開水白菜」的特色是清澈如水的湯，楊老師用「三掃一吊」的方法製成。「一吊」就是熬湯，把雞、鴨、豬骨和肘子先汆水，用大火煮開了，再用慢火熬七八個小時，濾去所有湯渣，撇去浮油，這就是吊湯。「三掃」就是用瘦豬肉和雞胸肉，分別去掉筋膜後剁成茸，先用豬肉茸加少許水拌勻（叫作紅俏，也可以用雞腿肉），等湯稍降溫，放進湯裏，用慢火燒至微滾，煮至湯內的雜質依附在肉茸上浮起，撈出，這是第一掃。跟着把雞胸茸分成兩半，加水做成兩份雞茸（叫作白俏），按以上方法用白俏再掃兩次。每掃一次，湯就清澈一些，鮮味也在逐次增加。最後用棉布把整鍋高湯過濾一次，

這樣真正的清高湯就完成了。

　　「開水白菜」用的白菜是優質的當造大白菜（黃芽白），先把外面的菜葉子去掉，只留一個芯，用刀在菜頭剞一刀約兩厘米深，然後用手掰開成兩半。把菜先用滾水氽燙至稍軟，撈出瀝水，再用掃好的清高湯把菜煮幾分鐘，撈出，湯水倒掉，把菜夾起放在碗中。最後把上桌用的清高湯煮滾，加少許鹽調味，把清高湯倒在菜裏，這就是「開水白菜」，湯色清澈如極淡的茶水，但味道十分鮮美，白菜吸收了湯的味道，更是一絕，怪不得成為永恆的四川經典名菜。

—曉嵐—

豉油

　　無論家常小菜或請客的饌餚，做得好吃與否第一是方法，第二是技巧，而作料的質素與調味得宜也佔極重要的地位。

　　說到調味，鹽糖而外，醬料是主要的調味品，醬油（粵人稱為豉油）尤其為做菜用得最普遍的作料。每一個廚房，油鹽固是必備的東西，醬油也是不能或缺的調味品，這因為要用醬油調味的食製多到不勝枚舉，而且有很多地方的食製中醬油比鹽的地位重要。

　　我國之有醬料，由來已久。《禮記曲禮》篇裏有說：「膾炙處外，醯醬處內。」

　　《周禮天官》也有：「膳夫掌王饋食醬百有二十甕。」

　　《論語》裏也提到：夫子「不得其醬不食」。

　　《史記》裏也有：「通都大邑，醯醬千瓵，比之千乘之家。」

　　這些例子可舉的太多了，足見醬油是「古已有之」的主要作料，且有靠賣豉油而成為「千乘之家」的人。

　　《本草綱目》裏更有「醬者將也，能制食物之毒，如將之平惡暴也」的解釋。當時醫藥沒有今日的進步，尚且曉得醬油有消毒殺菌的功用，益見醬油在古代社會已是「為用大矣哉」的東西。

　　做醬油的原料是黃豆，近世公認為最富營養的食料。東拉西扯寫到這裏，似乎不能不談談醬油的製造法，俾對「到廚房去」有興趣的

也知道一個大概，知道用法和如何選擇豉油。

醬油的釀造原是很簡單的一件事。在我國古代的社會中，很多老太婆也會做醬油。就是今日，在窮鄉僻壤的地方，也有不少鄉下人吃自釀的醬油。然而科學進步的日新月異，醬油釀造的方法比過去進步，甚而成為一種專門的學問。

特級校對《食經》摘文

1950 年父親隨着商業團往馬來西亞考察，同團還有好友梁祖卿先生。1953 年，家裏忽然送來了一個五十加侖的大鐵桶，裏面裝的是香噴噴的豉油。據父親說，馬來西亞長年陽光充足，是製作醬油的好地方，曬出來的豉味道特別香濃，他把大鐵桶的豉油放在家裏後面的天井裏，又買了一大批啤酒瓶，在家裏變成一個小作坊。當然，洗瓶子、消毒、灌豉油、加上瓶蓋都是我的責任，最後的產品是一瓶一瓶沒有商標的豉油，用繩子分別繫成兩瓶或四瓶的包裝，便於送人。小作坊在包裝完這一桶豉油後便宣告休業，後來家裏再也沒有豉油送來了。後來在他的《食經》裏有一則廣告，寫的是「特級生抽，特級校對監製，正味齋出品」，不知這是否由我們家庭小作坊的出品帶來的生意，但現在市場上已經沒有「正味齋」這個牌子了。

2013 年，我忽然收到一個從 IBM 舊同事 Raymond Chan 陳永洪來的電話，邀請我和曉嵐去參觀他在元朗的冠珍醬園，請我們給予意見。這就開始了我們和冠珍的友誼。冠珍是一家有八十多年的老

醬園，用古法釀製醬油，豉味香濃，無添加，很符合我們對醬料的要求。冠珍到現在已經由第四代人管理，我的舊同事陳永洪是第三代，當然還有其他幾個股東。在閒談中，我們發現原來我們認識的梁伯梁祖卿先生，也就是和父親在 1950 年一同到馬來西亞考察的朋友，也是冠珍的股東。我和豉油的緣份，由小家庭作坊開始，間接和直接在六十年後得以繼續，真是冥冥中自有安排。

——紀臨——

古法質
釀純味
造高味

特級生抽

特級校對監製
正味齋出品

分售處：德輔道中惠康有限公司　永安有限公司
九龍塘金時士多　堅道甄沾記

食經 第九集

著　者：特級校對

出　版：香港菲林明道廿六號

承　印：華聯印刷公司
香港蕉林明道廿六號
電話：七四五四三

總經售：華聯印刷公司

代　理：陸大書店
香港中環威靈頓街九九號C橫門

定價：每本港幣壹元

《食經》內有關豉油的廣告

119

羊肉的羶味

「人心之不同，各如其面」，即使是孿生兄弟，總也有不同的地方，人們對於吃也各有其愛惡與癖好。有人嗅到臘鴨尾的臊味就吃不下嚥，也有人認為臘鴨尾是天下至味。香港廠商羣中綽號「德叔」的張德，就有「吃臘鴨尾同志」的組織，每年冬後春前例必舉行幾次吃臘鴨尾大會；飲酒吃菜以後，吃飯時就是十多個臘鴨尾煲的飯。這一個會不吃臘鴨尾的無與焉，因稱之為「吃臘鴨尾同志會」。

臘鴨尾的臊味很大，吃不慣這種臊味而不吃臘鴨尾的，不能強人所難；但也有不吃雞、不吃牛肉、不吃羊肉、不吃青菜的人，除了特殊原因外，未免過於「揀飲擇食」了。

不吃羊肉還有可説，因為羊肉的臊味也很大，惟講究吃補品者都認為羊肉的營養素至豐。居住西北的人體魄至為健碩，據説與西北地方主要的食料羊肉有關。

草羊的臊味不多，綿羊的臊味較大，更非南方人所慣吃。香港常見的是草羊肉，但很多人都不愛吃羊肉，怕其臊味。如有法辟去羊臊味，我以為中環街市每日要多劏幾隻草羊。

《物類相感志》裏有這樣的記載：「煮羊肉入核桃則不臊，入杏仁或瓦片則易爛。」但我自己還沒有機會實驗過。

特級校對《食經》摘文

嚴格來說，「臊」字和「羶」字意思是不盡相同的。「臊」（粵音蘇，普通話 sāo）是形容尿味或狐狸的氣味，而廣東話口語也用「臊」來形容牛羊鴨鵝的羶味；「羶」（粵音山，普通話 shān）是一個古字，是形容羊肉氣味的專有字。父親是傳統廣東佬，所以文章中用了「臊」字，這是個廣東話約定俗成的誤區。

　　有一句諺語「不吃羊肉一身羶」，這是出自一百多年前清朝李寶嘉的著作《官場現形記》，意思是說事情沒有辦好，撈不到好處，反而壞了名聲。

　　羊，是一種很溫順的動物，老是受欺負，也不會發脾氣，聽天由命，隨遇而安，有甚麼就吃甚麼，沒有食物的時候，自己會到外面找吃的，不用人費心，生命力極強，那些生長在沙漠邊沿的羊，會懂得在石縫中尋找能吃的，包括雜草、藥材等。羊為人類貢獻自己的全部，毛、皮、肉、血、內臟、骨頭，甚至連羊糞也被拿去作肥料，只換來一個「羶」的名譽，世界真是不公平。

　　新西蘭是著名的養羊國家，但是中國卻是全世界產羊數量最多，也是吃羊最多的國家，在偌大的中國北方，很多地區羊肉是人們主要的肉食，特別是回民區。根據統計，光是 2018 年第三季，國內出欄屠宰的羊便有 2.3 億頭，全部被國人吃掉了，而且每年還要從澳洲、新西蘭進口一定的數量的羊肉。

　　從古代開始，綿羊就是北方游牧民族的主要飼養牲口，逐水草而居，也就是要讓羊羣能找到青草，在這種條件下，他們的傳統烹調方法是用水煮的「手抓羊肉」便不足為奇了。南方山多，氣候濕

熱，只能飼養體型較小的山羊（草羊是山羊的一個品種），南方人習慣到了秋冬季節才吃羊，為的是禦寒暖胃，固本補氣，羊腩煲可以說是代表嶺南傳統的烹調方法。

我們曾在北方的內蒙古經營一個七萬畝的草場用來養羊，從而學到不少有關羊的知識。中國的羊，品種很多，各有特色，烹調方法根據當地的習慣、口味、氣候和歷史原因而有所不同。中國北方的羊有綿羊和山羊，比較普遍的品種有蘇尼特羊、烏珠穆沁羊、灘羊、小尾寒羊和新疆羊等。南方的濕潤氣候不適應綿羊生長，因此以養殖山羊為主，例如江蘇的白山羊、四川的麻山羊、貴州的黑山羊、海南的東山羊等，都是常見的品種。

香港喜歡吃羊的人不算太多，吃的方法也離不開冬天的枝竹羊腩煲，或者用來打邊爐，西餐則會吃煎羊排、烤羊鞍或羊腿，偶爾也會到印度餐廳點一道咖喱羊或酸辣羊肉。很多人不吃羊是因為不喜歡羶味，更有人認為羶味就是羊味。其實羊味是羊肉的鮮味，羶味是羶味，不應混為一談。

其實羊肉的質量和味道，有很多影響的因素，包括羊的品種、生長環境、飼料、養殖的技術、屠宰時羊的年齡、屠宰的技術、包裝、儲藏和運輸等。其中影響較大的因素，就是無論綿羊或山羊，一般的母羊是不會自小屠宰的，要長大留來生小羊，如果是母羊生小羊生到變老不能再生才屠宰，這種母羊的肉是又羶又韌，而品質好的食用羊肉都是公羊。除了留種公羊之外（一只公羊為三十隻母羊配種），小公羊在發情前都經過騸割。羊肉的羶味是由荷爾蒙而

來，公羊長大不會發情，就沒有了羶味，一般都飼養到九個月左右便屠宰，這些羊肉便是羔羊肉，加工壓成羊捲肉後刨成薄片，便是北方涮羊肉火鍋店的寵兒。在南方養殖的山羊草羊，繁殖得比較快，往往一胎生幾隻，甚至一年生兩胎，但如果公羊不經過騙割而長大，也是會有羶味的，所以養殖的手法很重要。

我們吃過最好吃的羊，應該是內蒙古和寧夏地區所生產的灘羊。灘羊生長在荒漠大地，青草欠奉，只能在石縫中尋找草根和野生藥材，偶爾也能找到一些青草，在這種困難的環境中生存下來的羊，肉質鬆軟而非常美味。我們在銀川吃灘羊，最好吃的方法是買下一整隻或半隻屠宰好的羊，斬件後放在大鍋裏白水煮，只需要放些薑、大蔥和幾粒草果，羊肉煮脍後加入蘿蔔，最後只要加一點鹽，便可上桌。一大鍋鮮嫩的手抓肉，加上美味香濃的羊肉湯，吃得豪氣又痛快，只有嚐過的人才會知道，真是快活似神仙！

客家釀豆腐

寫完了「如此鹽焗雞」，又聯想到「客家釀豆腐」。在吹北風的天氣裏，吃一煲「客家釀豆腐」佐膳，另有一番風味。

從前住在廣州的時候，一到冬天就常到客家朋友王良先生府上，吃王先生做的客家釀豆腐。近來雖三番五次到東江菜館吃「客家釀豆腐」，但絕未吃到有及得上王先生所做的好吃。提起了「客家釀豆腐」，不由得不想起了我的朋友。

　　客家釀豆腐的作料和做法是：十二兩土鯪魚肉、半斤半肥瘦豬肉、一兩葱白、四兩九棍鹹魚肉，同剁成茸，釀在用山水做的嫩豆腐角裏，以雞湯慢火煲熟即成。

　　用葱白同剁的目的在辟去鹹魚和土鯪魚的腥味，以雞湯煲之，則豆腐夠鮮味，慢火滾之在避免煲老豆腐，不然吃來就不夠嫩滑。九棍鹹魚原是賤價貨，不用其他鹹魚而用九棍，取其夠濃香味。

　　試問港九的東江釀豆腐有無這種貨式？但話又得説回來，兩元或三元一煲釀豆腐，又能否用正式雞湯煲豆腐？

特級校對《食經》摘文

　　客家釀豆腐，在客家菜中有幾種不同流派的做法，製作方法基本上大同小異，主要的分別在用的餡料和配菜。客家菜中的釀，就是把餡料填至皮（豆腐、瓜菜等）的挖空部分，然後進行烹調（煎、炸、蒸、湯），表裏合一。特色是開口釀餡，不是包着釀，否則就變成包子。

　　客家釀豆腐，發源地是廣東省五華縣，客家人普遍認為五華縣的華城鎮的釀豆腐為最正宗。五華釀豆腐與眾不同，豆腐一定是切成三角形，餡料除了豬肉之外，還有蝦米和鹹魚，吃的時候還要把

釀豆腐包在生菜中一起吃。

　　古老的東江穿越了客家大本營惠州市，東江兩岸，自古就比較繁華，也是茶棧酒肆集中的地方，在明清時期，已形成了東江菜的派系。上世紀二三十年代，大件夾抵食的東江菜在廣州逐漸興起，其中一家標榜正宗東江菜的客家飯店，把傳統的客家釀豆腐煲改良後，稱為東江豆腐煲，鯪魚肉成了餡料的主料，豬肉成了配角，鹹魚肉還是保留了小三位置。釀豆腐和生菜用上湯煮在瓦罉中，燒得滾燙上桌，大受食客歡迎，從此東江豆腐煲就成了一道客家名菜，凡有客家東江菜宴席，打頭陣的就是東江豆腐煲。

　　東江之水越山來，幾十年來供應了香港食水，而香港的客家菜，基本上都是東江菜派系。在香港任何一間客家飯店，都必定有東江鹽焗雞和東江豆腐煲這兩個菜式，陪伴了幾代香港人的成長。

茨菇煮臘肉

　　有東方之珠底雅號的香港，也是遠東足球的發祥地，球星波霸，多似天上繁星。而愛看足球比賽至於成迷者，更比戲迷、馬迷、影迷等不知多若干倍，其中又有新迷、老迷，更有所謂三代迷者。波之魔

力誠大矣哉！

最近，由於新建三合土球場落成，同時又有所謂大波上演，成為香港報紙佔了甚大篇幅的新聞，甚至有世界性的板門店預備會議的新聞，在若干香港人底心坎裏，不比傑、南或星、巴大戰重要。傑、南大戰去週末已演完，到今天的報上仍不厭求詳地刊登有關於傑、南大戰新聞，讀者們也不以明日黃花視之。

「我的朋友」某君的胖太太，自承是天字第一號球迷，也是拙作的忠實讀者，以予為報館校對，自多體育的內幕新聞，每與晤面，波是必談的題目，跟着也拉到食的問題上去。昨天一見，又提到幾天前寫過的斗洞茨菇。她說：「斗洞茨菇這麼好吃，不曉得香港能否買到？最好的做法是怎樣？」我笑說：現在還是暮秋，茨菇是冬天才有，普通茨菇還未見上市，斗洞茨菇去哪裏找我也不曉得；吃到廣州泮塘的茨菇已算佳品。我未吃過斗洞的茨菇，好吃到怎樣，也不曉得。家常菜的茨菇做法，最好是用來煮臘肉，先將茨菇洗淨，煲熟，再以蒜頭起紅鑊，稍爆過臘肉，然後加進茨菇和煲過茨菇的水，煮至夠火候加味即成。

特級校對《食經》摘文

孔子在《論語》的〈鄉黨〉篇中說：「不時不食」，這一句話反過來就是說吃東西最好是趁季節的時候吃，而春天正是吃茨菇的季節。茨菇又稱慈菇，英文名就是 arrowhead，因為茨菇尖而長的葉子就像箭的頭。廣東人把所有食用菌類都叫作菇，但茨菇並非菌

類，而是一種像水仙、蘭花等的水生草本植物，這種植物的名字叫水萍、燕尾草、剪刀草、水箭草，生於沼澤、水塘、水田等淺水的地方，而我們吃的茨菇是植物的根部，一株有六至十五個這樣的球莖根。茨菇喜歡潮濕的天氣，不耐霜凍和乾旱，產地分佈於歐洲和亞洲，我國南方各地都盛產茨菇，江蘇省太湖地區就是茨菇的最大產地。

我國江南地區常見的茨菇品種有：江蘇省出產的圓茨菇、蘇州黃（白衣茨菇）、山東的馬蹄菇，以及浙江出產的沈蕩茨菇。廣東生產的茨菇，主要是白肉茨菇和沙菇，白肉茨菇皮色較白，呈扁圓形，沙菇呈蛋狀，外皮黃白帶淺褐色的衣，肉白而味道甘甜，略帶苦味，這兩種是香港市場最常見的茨菇品種，而香港新界的塱原也有生產茨菇。

茨菇雖然是家常蔬菜，但它的藥用價值很高，含多種生物鹼，據說有預防癌腫的作用。李時珍的《本草綱目》中也提到茨菇：「根苦、甘、微寒、無毒」，主治「產後血悶、胞衣不下、石淋」。中醫認為茨菇有解毒消腫、潤肺止咳、消熱氣、利小便、去水腫，以及改善喘促氣憋、心悸心慌等功效。茨菇還可以用來外敷，有消炎去腫的功效，如遇皮膚腫毒、生瘡等，可以把一個茨菇去衣後搗爛，加入薑汁拌和，敷在患處，一天兩次，每次二到三小時，敷後用清水洗去。我們曾以此方治生瘡，功效不錯，但請注意不能久敷，怕會引起皮膚過敏。

現在的茨菇是在水田中栽種，由於現時工業重金屬可能會污染

茨菇燜豬肉

茨菇

水質，為了安全起見，用茨菇做菜，一定先要削去外皮。而我家的做法，去衣後還要用加少許鹽的大滾水氽過，這樣做一是為了健康安全，二是可減低茨菇的微苦味，而鹽味還能提升茨菇的清甜味道。

　　跟多數的根類蔬菜一樣，茨菇本身是寡物，能吸收油脂，最好是加帶肥的肉類來煮。茨菇燜豬肉就是廣東開平的名菜，而對僑居馬來西亞的客家人，茨菇燜豬肉是他們傳統的家鄉菜，吃的時候，習慣用生菜葉包住一起吃。

行走與沉澱

胡椒與花椒

　　花椒是烹調四川菜不可缺少的香料，而四川出產的花椒，品質無可替代，聞名全國。很多人都以為花椒是胡椒的一種，這真是誤會了！

　　胡椒，屬胡椒科植物，是一種常用的食用香料，原產於古印度，現在主要的生產國是中國、印度、印尼、馬來西亞、越南和巴西。中世紀時，胡椒是東西方貿易的一種昂貴商品。中國的胡椒是在漢代由國外傳入的，現在雲南、海南、廣西三省為胡椒的主要產地。胡椒是一種亞熱帶和熱帶植物，它的果實／種子，通過不同時期的採摘和不同的加工方法，成為青胡椒、黑胡椒、紅胡椒、白胡椒。

　　在樹上結成串的，是綠色的青胡椒，也稱為新鮮胡椒，香味比較淡，辣味極少，主要用於烹調泰國菜，其作用是令菜式美觀，增加風味，當然也有少許香味。不過新鮮青胡椒的保存期只有幾天，很快就會變黑。

　　把青胡椒摘下來，乾燥後就成了黑胡椒。黑胡椒味道濃郁，有辣味。磨碎的黑胡椒，是西餐中最常用的香料之一。香港的中西菜式，經常用上黑胡椒，黑胡椒汁已成為了調味醬料的一種，成就了黑椒牛扒、黑椒雞扒、黑椒豬扒等常見菜式。

　　熟透了的紅胡椒，很快就會變成深色，這時候採摘下來的胡椒，

用水浸泡幾天，去掉外皮，然後用機器烘乾，就成了白胡椒。白胡椒是在上述幾種胡椒中，味道最辛辣的，亦最具味蕾的刺激感。在中國種植的胡椒，大部分是做了白胡椒及白胡椒粉，而白胡椒粉亦稱為古月粉，是拆開「胡」字的雅稱。中國種植和加工白胡椒的歷史悠久，所以中菜中使用白胡椒及白胡椒粉非常普遍。我們常見的海鮮和禽、肉類菜式，不少都在醃製或成菜前加入胡椒粉，以辟材料的腥味和增加香味，而胡椒豬肚湯更是把白胡椒放在主要的位置。

花椒，屬芸香科植物，原產地就是中國，種植及食用的歷史悠久，是我國特有的香料。花椒呈小粒球型，體型比胡椒粒大，深紫紅色，香氣濃郁，入口麻辣，具揮發性，能刺激味蕾。中國各省的菜式都有用花椒來作為調味香料的，特別是各地的滷水料，必備的香料就是花椒和八角，而人們常用的五香粉，其中一種香料就是花椒。中醫認為花椒有藥用價值，具開胃健脾、理氣、驅風寒、治風濕、祛水腫等功效。

川椒，又稱蜀椒，即四川生產的花椒，四川菜中最有代表性的味道是麻味，麻味是來自川椒。四川菜中的麻辣、椒麻、五香、怪味等各味，都有不同程度的辛麻香味，全靠川椒。川椒在四川的主要產區，一為茂縣、金川、平武等地區，所產花椒稱為「西路椒」，特點是粒大、顏色紫紅、肉厚味濃。另一產區是綿陽、涼山地區，稱為「南路椒」，特點是顏色紅黑、色澤油潤、麻味長而濃烈，其中以漢源清溪所產的花椒品質最好，也最為著名。四川的青花椒，顏色青綠，味道清香而帶麻，最適合做魚饌，是我家烹調的至愛。把

一小碗香味醉人的青花椒放在牀頭，令人睡得特別香，小蟲蚊子全跑光了！

關於花椒，我家還有個小故事，話說 1980 年，剛剛改革開放，我們帶着父母親去四川自由行。有一天去青城山，在附近的小鎮休憩喝茶，見一老鄉挽着竹簍賣雞蛋，雞蛋放在香氣撲面的花椒上，父親立刻想掏錢買花椒，老鄉說這花椒不賣，它是用來作為墊料藏雞蛋的，父親大樂說：長知識了。結果他把整簍雞蛋買下，拿走一袋花椒，雞蛋要送還給老鄉，樸實的老鄉拒絕了，結果送給了賣茶的店家。原來，當時附近的貧困山區，長滿了野生的花椒樹，花椒價賤漫山皆是，但雞蛋可是值錢的好東西。

五元吃好，十元吃飽

　　第一次吃到羊肉泡饃是在 1992 年的春天，也就是我被派到北京 IBM 工作的第二年。那一年我獨自一人出差到西安參加一個客戶的會議，因為人生地不熟，為了熟悉開會的環境，我提早一天到達酒店，也順便溫習要在大會發言的演講稿。下榻的酒店裏的餐廳看來並不吸引，當年西安最出名的是餃子宴，但是要多人才能夠品嚐五花八門的餃子，酒店的前台告訴我附近有一個市場，可以去看看有甚麼好吃的。

　　西安是十三朝的古都，處於關中地盤，北面是黃土高原，氣候乾燥，到處塵土飛揚。當年種植蔬菜的溫室大棚還不流行，所以市場上賣的蔬菜不多，也就是黃瓜、大白菜、西紅柿之類，倒是賣香料的攤檔特別多，花椒、八角、小茴、桂皮、辣椒等香料應有盡有，市場旁邊是一列小餐廳，傳來一陣陣香氣，原來都是賣羊肉的。作為絲綢之路的起點，西安的回民特別多，飲食習慣是以清真為主，羊肉自然成為主要食材，小餐廳賣的也就是羊肉餃子、羊肉夾饃、涼拌涼皮之類，其中的羊肉夾饃的吃法，應該是從西亞、中東等地傳來的。

　　我在一家小店裏叫了一份羊肉泡饃，店員端上一塊大餅和一個大碗，正在不知如何是好的時候，旁邊的一個好心的食客告訴我先

要用手把大餅掰開成小塊放在碗內，再交回給店員拿到廚房。我好奇地跟着店員到廚房門口看，廚房很簡陋，只有一個砧板，上面放着幾大塊煮好的羊肉，和兩個燒炭的爐子，一個大鍋煮着一鍋羊肉湯，發出濃濃的香味，旁邊是一個小鍋。廚師先用一把大勺把一勺子的羊肉湯放到盛着泡饃的碗中，再把湯連着泡饃倒進小鍋裏，煮沸後再倒回碗裏，上面放上幾片羊肉和香菜，這一碗香噴噴的羊肉泡饃就算完成了。這是一個很聰明的方法，既衛生又簡單，羊肉和湯是預先煮好的，泡饃是顧客自己動手掰的，煮的時候連碗也刷乾淨，用不到一分鐘就可以出菜，也不用洗鍋就可以煮下一碗。當年在北京，很多小菜館流行掛一個牌子「五元吃飽，十元吃好」，我在西安吃的羊肉泡饃只要五元，吃得又飽又好，比在北京吃到的好得多了。

麻婆豆腐

　　因紀臨的工作調動，1980 年我們由美國遷回香港，以為只是暫時幾年之事，誰知十年後紀臨再被調上北京的 IBM 中國工作，如此這般又再五年，生活和感情早已深深地埋在這片土地上，誰還會在退休後回美國做寓公？

　　上世紀七八十年代，我們一家居住在香港，最興奮的是我的家翁。兩老每年必定回香港兩次，每次小住兩個月，我們都抽空陪伴兩老外出旅遊。

　　我們第一次去四川成都，是在 1980 年和兩老一同去的。除了旅遊外，愛研究飲食的家翁的主要目的是要嚐遍當地的著名小吃，成都的麻婆豆腐當然是一定要吃的。

　　麻婆豆腐的創始人是一百多年前清同治年間的陳興盛飯舖的老闆娘，店主是陳春富。老闆娘姓劉，臉上有麻子，人稱她為陳麻婆。光顧這間平民飯舖的多是挑油的腳夫，他們到屠宰戶買點廉價的下腳料牛肉，再從自己挑的油罐裏舀一些油，請求陳興盛飯舖代為加工，陳麻婆就再加塊豆腐和麻辣醬料煮成一大碗，讓腳夫們好下飯。久而久之，陳麻婆烹調這道麻辣牛肉豆腐的技術越來越好，色香味俱全，於是遠近馳名，人戲稱之為麻婆豆腐，後來飯舖乾脆改名為陳麻婆豆腐店。麻婆豆腐在清朝末年已經是成都出名的小吃，

後來更成為世界上最出名的川菜之一。

　　那年和兩老去的是成都青羊區的陳麻婆豆腐老店，店子的門面很簡陋，衞生條件也不好，還沒有進門（好像沒有門），麻辣的香味已經撲面而來。豆腐是用大碗盛的，當時好像只是一元多人民幣一碗（當年在內地一個月的工資也就是三十多元），另外買了一碗份量很大的飯，五個人吃一碗才勉強吃完，但見搭枱的四川大叔，一個人就完全吃光。麻婆豆腐上放滿了辣椒和花椒粉，作為廣東人，紀臨吃辣的本領算是不錯，但一口麻婆豆腐下去，頭頂冒汗，嘴唇全麻，家翁說這真夠過癮，我們多吃幾口便適應了。

　　三十多年後再遊成都，清華路的陳麻婆豆腐店，原來已非以前去過的那一家，聽說原來在青羊的陳麻婆豆腐老店，在 2005 年已經燒毀了。新店招牌寫着「陳麻婆川菜館」，還有一個「中華老字號」的四方印，另外有一個招牌「川菜食府」，真有點高級食府的感覺。我們點的菜當然少不了店裏的招牌菜麻婆豆腐，可是端上來的不夠熱、不夠麻、不夠辣，也沒有鹽滷豆腐那濃濃的豆腐香味，很是令人失望，還是很懷念他們以前蒼蠅館子的老樣子。

—曉嵐—

麻婆豆腐

陳麻婆豆腐店

梅州客家人的早餐

　　我和曉嵐兩家人都是祖籍河南省,好幾百年前,先祖家族由中原直接遷徙到南方,但我們都不是客家人,也不會講客家話,這真是個千古之迷。後來想通了,是否客家人並不重要,重要的是對客家精神的認同。

　　為了撰寫客家菜的文化食譜書,我們曾在廣東的梅州市住了一個星期。客都梅州市,古稱程鄉,位於廣東省的東部。梅州市現在管轄的地方,包括了梅江區、梅縣區、興寧市、五華縣、豐順縣、大埔縣、平遠縣、蕉嶺縣等,是全世界最有代表性的客家人聚居地方,所以被稱為客都。

　　梅州氣候溫和,陽光充足,雨水充沛,四季樹木常綠,具最適合人類居住的天然條件。由於梅州市地處山區,千百年來為南遷的漢人提供了一方安全的樂土,使他們能安居和繁衍,梅州就成為了客家大本營。但是,也因為梅州的位置交通不方便,反而很完整地保存了無數幾百年的古建築,和老祖宗留下來的客家文化。客家人性格低調,安分守己,世世代代懂得珍惜山水,使梅州地區的青山綠水得到很好的保護。

　　在梅州市,幾乎所有當地人都是客家人,他們都愛吃一種早餐,就是三及第湯加上醃麵,這是梅州客家人古老的傳統,溫暖貼心而

樸實無華。海外客家人回到梅州尋根，如果還未吃到這個早餐，就未算回到家鄉。

三及第即三元，古人科舉考試的狀元、會元、解元稱為三元，道教則稱「天、地、人」為三元，寓意吉祥，事事順利。梅州的三及第湯，就是新鮮的肉片加上豬肝和豬小腸三種材料，用紅麴米煮水，生滾這三種材料成湯，即做即吃。醃麵就是乾撈的麵或米粉，加一匙羹用豬油炒香的乾蔥頭加大蒜茸，放少許生抽，雖無肉無菜，卻是魅力沒法擋的香噴噴。這一套標準的梅州客家早餐，暖胃又飽肚，我們第一天吃過就愛上了！

—紀臨—

梅州客家人的早餐
取自「陳家廚坊」系列之《追源尋根客家菜》

品味揚州

　　煙花三月下揚州，沐着似有似無的細雨，啖一口青茶，看着微風吹動着滿城垂柳，眼下的揚州古城，像一個端莊文雅的古裝少婦，倚坐在樓閣邊上，幽幽地訴說着她動人的故事。過去的日子，我去過好幾次揚州，每一次都會再愛上它，享受它的休閒，喜歡它的美食。

　　遊覽揚州古城，以圍繞水道為主。隋朝建設的京杭大運河，帶來了隋煬帝和康熙、乾隆下江南，揚州就是他們曾多次下榻的城市，也是無數詩人、詞人所稱道的地方。李白有名句「故人西辭黃鶴樓，煙花三月下揚州」，更有唐代徐凝的「天下三分明月夜，二分無賴是揚州」。現代史上，有一位揚州人，用文字把揚州描寫得令人心動，他就是朱自清，中國現代著名的詩人、散文家、學者。朱自清筆下的揚州，着墨更多的是揚州的吃，想他也是個饞嘴之人。借用朱自清 1934 年在《人間世》第 16 期中所寫：「另有許多人想，揚州是吃得好的地方，這個保你沒錯兒。北平尋常提到江蘇菜，總想着是甜甜的、膩膩的。現在有了淮揚菜，才知道江蘇菜也有不甜的；但還以油重，和山東菜不同。其實真正油重的是鎮江菜，上桌子常教你膩得無可奈何。揚州菜若是讓鹽商家做起來，雖不到山東菜的清淡，卻也滋潤、利落，決不膩嘴膩舌。不但味道鮮美，顏色也清

麗悅目。」

　　揚州在大運河邊，自古聚集了大批腰纏萬貫的徽商，加上康熙、乾隆前後十一次親臨揚州，造就了淮揚美食。揚州食製起源於春秋戰國，優點以選料新鮮、不時不食、湯頭考究、刀工細膩見稱，新中國開國第一次國宴，就是揚州廚師主理的淮揚菜。揚州的淮揚菜，著名的菜式有「三頭」：揚州獅子頭、拆肉魚頭、冰糖煨豬頭，「三醉」：醉蟹、醉蝦、醉螺。其他還有著名的揚州炒飯、大煮乾絲、文思豆腐、炒軟兜（黃鱔）、紅燒江鰻、桂花糖藕等等，美味菜式多不勝數。

　　揚州名產是長江刀魚，正如蘇東坡說的「恣看收網出銀刀」，而長江刀魚就是以鎮江、揚州段最佳，野生長江刀魚棲息在長江出海處，每年三月中旬迴游入長江，在中下游的淡水河口產卵。刀魚的形狀身薄如刀，腹部為銀白色，背部灰色。刀魚肉質非常鮮嫩肥美，為江魚中之極品，但怕的是那細軟的刺，要勞煩熟手的餐館服務員一拉而起，全條去骨。近年來長江刀魚幾近絕跡，能吃到的都是當地養殖的。

　　外地人到揚州尋幽訪古，圖的是享受那份出塵的古雅，到過揚州，更會恨不得退休能移居揚州。揚州人活得瀟灑，素有「早上皮包水，晚上水包皮」的習慣，早上到茶社品茶吃包子，晚上享受浸浴、搓澡、修腳和按摩。揚州的包子，以手工講究、刀工細緻、餡料多樣化，以及材料新鮮而聞名於世。揚州包子的品種有三丁包、五丁包、薺菜包、乾菜包、筍肉包、鮰魚包、蟹肉包，還有甜味的

豆沙包、芝蔴包。揚州最為中外馳名的吃茶地方，是百年老店「富春茶社」，和有兩百年歷史的「冶春茶社」。「冶春茶社」就在京杭運河御碼頭旁邊，在那裏吃個早茶，品嚐揚州包子，啖一口燙乾絲，身邊是粼粼水光襯着濃密的柳樹倒影，真是品味文化的至高享受。

作為中國三綫城市的揚州，雖然只有幾十萬人口，但卻是全國最著名的烹飪教育中心，據統計，現在在國內外工作的揚州廚師有近萬人。揚州大學每年培養的烹飪人材，在國內非常搶手，大多數畢業生後來都成了名廚、酒店管理人員、飲食業企業家，成就非凡。

揚州的經濟發展得很快，新城區迅速擴大，高樓大廈，大街大道，一年一個樣，令人刮目相看。幸好樸拙清幽的古城和著名的瘦西湖，被政府非常嚴謹地保護下來，附近的新建築物，一律限制高度，造型全部古色古香，為後人留下了一個精緻的休閒好地方。

—曉嵐—

鹹蝦蒸豬肉

　　家父母是百分百的廣東人，陳家据說來自是中山南朗，而母親姓余，是台山人。父親是著名的粵菜食評家，但他上世紀五十年代的十冊《食經》中，有說到香港大澳漁村的蝦醬，卻沒有提及一道非常普通的廣東家常菜「鹹蝦蒸豬肉」。這道菜是由曉嵐這個過埠新娘帶入的，她自小到大都吃家中廣東女佣金姐做的鹹蝦蒸豬肉。金姐

鹹蝦蒸豬肉

的地道做法，口傳給曉嵐，再帶入了陳家，很快就成了我們全家的至愛，兩個女兒自小就喜歡吃。女兒長大後仍然覺得，熱騰騰的白米飯加上自家的鹹蝦蒸豬肉，絕對是一種幸福的感覺

我們把陳家的「鹹蝦蒸豬肉」收納在《回家吃飯》一書中，這本書已再版十一次。這道本來是傳統的廣東家常菜，做得好的鹹蝦蒸豬肉，要肥而不膩，嫩滑而爽口，不能太鹹，不能有腥味，汁的濃度要恰到好處，每一塊豬肉都要沾上鹹蝦。簡簡單單的一道開胃家常菜，任何主婦都可以做得很好。吃不完的鹹蝦蒸豬肉可以留來翌日炒飯，炒時記得加葱末，葱和鹹蝦是絕配，更能增加鹹蝦的香味。

一道菜吃了三代人，每一次女兒帶兩個外孫女回香港，必定預約在我家吃飯，外孫女們把我們做的菜式放在排行榜，而鹹蝦蒸豬肉就是第一位。桌上有這道菜，大孫女一定連盡兩碗米飯，連最不愛吃蔬菜的小孫女也匆匆把蔬菜吃完，好讓她能夠儘早吃到她的至愛。有一年暑假她們在我家吃飯，四歲多的小孫女，突然對我說桌上的鹹蝦蒸豬肉 not like before！大人們都很驚訝，她上次吃是去年的暑假，小孩子怎麼記得？我這個外公再三思量，才記起這次是換了另一品牌的蝦醬。陳家三代人的舌尖，果然不同凡響啊！

—紀臨—

從嗑瓜子說起

都已經三月中了，今天看到商店中賣紅瓜子的箱仍是滿滿的，香港過年的瓜子生意真的一年不如一年。

我自小到大，都不懂得完整地嗑瓜子，那是我的一個死穴，我絕對不喜歡吃瓜子。小時候在過年時也曾努力地學習嗑瓜子，結果都是以失敗告終。總覺得無論男女，當眾咬門牙「的的、格格」地吃瓜子，還加上「呸」地噴出來，姿勢絕不優雅，男的「麻甩」，女的失儀。長大後凡遇到被人以瓜子招待，我總是禮貌地拿幾粒瓜子在手中，裝模作樣捏在手中，然後找機會當作瓜子殼順勢丟掉。

嗑瓜子可能是中國人獨有的風俗，瓜子應該不算是食物，那到肚子的東西太少了，吃的是那種奇怪的情趣，這只是人與人之間交流的手部姿勢之一。豐子愷先生在 1934 年寫道：「利於消磨時間的……在世間一切食物之中，想來想去，只有瓜子。所以我說發明吃瓜子的人是了不起的天才。」看來，他活得真是太過休閒了。

用嗑瓜子來消磨時間的日子，是那大半世紀前貧困不安的年代，似乎已經在中國人生活中黯然逝去。現在城市的中老年人們整日玩手機、上網聊天交友、淘寶購物、公園跳大媽舞、相約旅行，誰還需要嗑瓜子來消磨時間？

錯了！還是有人會吃瓜子的，而且常常嗑瓜子。近年四川成都

已經成為中國西部最大的城市之一，受惠於一帶一路，成都經濟高速增長，城市面積也增加了一倍，處處高樓大廈。但是，在成都舊城的公園茶檔，百年不變，伴着一盅熱茶的，還是瓜子。無論是高級茶館，還是街邊茶檔，喝茶加上嗑瓜子，是成都不變的特色。這裏瓜子的消耗量全國最高，賣瓜子的商人，個個都是億萬富豪。

不只是瓜子，還有各式各樣的乾果仁大行其道。我們去過的大城市如杭州和成都，市內有不少叫作「炒貨」的專賣店，售賣各式有殼的果仁零食，五花八門，有些還是現炒現賣，例如炒栗子。奇怪的是，栗子本是秋天才上市，可是現在似乎有不少地方，像炒瓜子一樣，四季都見到炒栗子！？

—曉嵐—

荊楚古韻湖北菜

　　湖北省位於華中地區，稱為鄂，古代最興盛的時期是先秦的楚國，湖北省在當時就叫雲夢澤，是一個沼澤地區。根據考古資料，在五十萬年前，就有古人類在這裏生活。大約十萬年前，湖北長陽鍾家灣「龍洞」中，就有早期人類在生活，他們學會鑽木取火，也掌握了燒烤和石烘等煮食方法。

　　商、周時期，長江中游的飲食文化開始迅速地形成，人們種植糧食、飼養畜禽，還會製作陶器來煮食。後來楚國的興盛，更加速了飲食文化的發展和進步，荊楚食風已具雛形。楚辭中記載了先秦時楚地的蔬菜瓜果、水產、禽鳥、肉類，反映出當時食物材料已非常豐富。1978 年湖北隨縣的曾侯乙墓考古發現一個青銅爐盤，據考証就是用來煎和炒的炊具，曾侯乙墓還出土了精巧的「冰鑒」，有類似冰箱的功能。

　　楚辭〈大招〉中有「五穀六仞」一語，可見當時糧食堆積如山的景象。明清時期，更有「湖廣熟，天下足」一說，可見當時湖北的糧食生產已居全國舉足輕重的地位。

　　湖北省的小縣城，現在仍常見到一些風味飯店，門口擺放着一個個大瓦罐，大瓦罐通常會上一層土黃色的釉，配合一些古老的花紋，上面寫着一個大大的「煨」字，就是煨湯的意思。湖北的煨湯

技術別具一格，著名的煨湯有「蓮藕燉排骨」、「豬肚煨土雞」、「猴頭菌煨鴨」等。大瓦罐用蜂窩煤慢火煨了一整天，飯店中有客人下單了，伙計就會用鐵夾在大瓦罐中夾出小瓦罐，土啡色的小瓦罐裏面，就是各式的老火煨湯。

湖北的瓦罐雞還有一個歷史傳說，在公元前 221 年，秦始皇統一中國，巡視大江南北。有一次秦始皇要到楚地一遊，楚郡守大為緊張，不知怎樣才可取悅秦始皇，便召來三老商量。三老認為必須以特色美食招待秦王，於是把雞、鴨、肉、野菌等最好的材料，放在土罐中，再置於大罐中煨了一天一夜，隨時準備着，待秦王到來，便獻上此道香噴噴的美食。秦始皇吃後大為讚賞，回宮後命御廚照着做，便成了秦宮中的一道美食，從此煨湯的吃法便在楚地的貴族百姓中流傳開來。

無論此傳說是否真有其事，但湖北人的蓮藕燉排骨湯，卻真是家家戶戶幾乎每天都吃的菜式，特別是在冬天。以前湖北人習慣把燉湯的瓦鍋放在房間內取暖的煤爐上一直燉着，一來可以借用取暖煤爐的熱力，二來在第二天醒來，便有熱騰騰的燉湯作為早餐和午膳，一舉兩得，是非常聰明的做法。在今天，煤爐已經被電磁爐或電湯鍋取代，但是這種生活習慣仍在流傳着。

湖北菜雖未列中國八大菜系，但向以物產豐富、材料新鮮著名。湖北位置在長江中游，沿途有不少支流和湖泊，盛產淡水魚類，所以湖北菜也以淡水魚類為主。武漢市的東湖，有很多餐館流行吃全魚宴，以多種不同的淡水魚為材料，加上不同的烹調方法，頗具水

開屏武昌魚

珍珠丸子

鄉特色，吸引了無數各方食客。

湖北省有很多有特色的蔬菜品種，例如泥蒿、白頭韭菜、黑白菜、紅菜薹，還有著名的黃灣貢藕，令人一吃難忘，可惜產量不高，離開那條村的土地，就變了普通的湖北粉藕了。湖北的江漢平原，以生產稻米為主，甘薯、小麥、豆類為輔，其中當地產的甘薯，酥糯香甜，當地的吃法是烤焗，有機會到武漢去旅遊，烤甘薯不可不試。

湖北菜以蒸、燒、炸、煨為烹調方法，大部分地區的菜式味道以鹹鮮為主，而鄂西和鄂南地區則無酸菜和辣椒不歡。著名的湖北菜有：清蒸武昌魚、蒸臭桂魚、牛三鮮、冬瓜鱉裙羹、沔陽三蒸、珊瑚鱖魚、荊鯊魚糕、蟠龍菜、菜薹炒臘肉、炸椒炒蛋、珍珠丸子等。

其中，蟠龍菜並非蔬菜，它源自湖北的鍾祥縣，是明代宮廷菜。話說明正德十六年，明武宗朱厚照並無親子，在臨終前立下遺詔，為免紛爭，立兩個親王之子為嗣君，以誰先到京城者為皇。其中一個親王子朱厚熜只有十五歲，住在湖北的鍾祥縣，他知道路途遙遠，就化妝成一個欽犯，由幾個官差快馬押上京，沿途無人阻擋，更無人設宴招待。而另一個親王子住近京城，以為十拿九穩，所以一路上接受各級官員宴請迎送，當他到達京城時，朱厚熜已早一步成了嘉靖皇帝。相傳朱厚熜在趕路時不進店吃飯，只吃一種薯形食物，其實是用魚肉和豬肉剁碎後用紅雞蛋殼包起來，樣子像不起眼的紅薯，但有足夠的營養。嘉靖皇帝認為此食物對他做得成皇帝有功，欽賜名為「蟠龍菜」。

九頭鳥與九毛九

多年前一個飯局中，有朋友說計劃到武漢市投資項目，另外兩個朋友聽到後大叫不能去，因為傳說湖北人是「九頭鳥」。傳說中湖北有一種鳥，雄鳥在發情時為吸引雌鳥，身上的羽毛變化得比四川的變臉還快，還不停地跳舞，花樣百出，狡猾得很，非要追到雌鳥為止，完事後就拍拍翅膀飛走了。我以前在北京吃過一間著名的湖北菜餐館，也叫作「九頭鳥」，他們的蓮藕燉排骨湯做得不錯，令人印象深刻，卻不知道原來罵湖北人「九頭鳥」是貶義。

朋友接着說：「天上九頭鳥，地下湖北佬，三個湖北佬，搞不過一個江西老表！」說起江西人，人稱九毛九，即是諷刺江西人為人很「摳門」，孤寒小器算死草，還死硬到底。故事是說一個江西佬，做生意賺了大袋銀兩，他背着沉重的銀兩，來到河邊要過河。撐渡船的船家說過河要收一元，這是公價，江西佬還價五毛，船家不願意，江西佬說五毛五分，船家不理他，跟着江西佬一直磨蹭下去，還價到了九毛九，打死都不再增加了。艇家憋了一肚子氣，說：「上來吧！」江西佬洋洋得意，因為省了一分錢。船家把渡船撐到河中心，對江西佬說：「九毛九就撐到這裏了，要不你就多付一分錢。」江西佬二話不說，背起沉重的袋子，「撲通」一聲跳下水，向岸邊游去，結果就同銀兩一起沉下水底了。九毛九，一笑！

幾年前，我們認識了一位成都的川菜名廚許凡，他是廚師出身，

現在是位成功的餐飲集團老闆，他在成都的許家菜連續幾年被評為中國最佳五十間餐館之一。許凡為人正直勤奮，是能為朋友兩肋插刀的漢子，我一直以為他是四川人，後來才知道，他原來是個湖北窮小子，由湖北到成都學習廚藝，兩夫婦艱苦奮鬥，結果創業成功。所以，不能偏信傳言，不是所有湖北人都是九頭鳥，更多的湖北人都是好漢子。

如果你移民美加，你就會很奇怪為甚麼有些朋友是九毛九，為了買每磅減價兩毛錢的特價生菜，多開幾公里的車去另一家超市買。又或者，日子長了，你也會成為九毛九，是因為生活得太沒事幹了，於是就沒事找事幹，日復一日你也變成九毛九，令那些由香港來探望你的親友看不慣，目瞪口呆！

我真的認識一個香港九毛九，但他從不害人，只是無時無刻地精於計算，作為退休生活的樂趣，當然也成為朋友間的笑料。九毛九先生的口袋中永遠同時有四張電話卡，隨時能精準地計算各種小優惠，分毫不差，且自得其樂，他的太太常常被他氣得哭笑不得。有一次他們夫婦倆去買麵包，剛好麵包店做優惠，買滿多少錢就有全價八折，太太說反正未夠數，那就多買一個吧，於是就隨手再挑了一個麵包，九毛九先生立刻伸手搶走，他說如果買這一個麵包，就會多了一塊錢，意思是太太只能挑那些算下來剛剛好湊夠數的麵包。這是個真實的喜劇笑話！

—曉嵐—

吃在福州

　　福州，自古以來都是福建省的政治、文化、經濟中心，福州地處閩江下游，面臨東海，自清朝時期起，就是中國對外貿易的港口，也是華僑往來的城市之一。福州氣候溫暖，自然條件好，物產資源豐富，為福州菜提供了多元化的材料，而二百多年來福州的對外貿易發達，也造就了福州在飲食方面的發展。

　　福建菜，亦稱為閩菜，是中國八大菜系之一，飲食文化歷史悠長，特色是選料精細、色調美觀、味道清鮮、淡而不薄，有着濃厚的南國地方特色。福州菜和閩南菜是福建菜的主要組成部分，兩者皆因烹調山珍海味而名聞遐邇。

　　說到福州菜，當然以「佛跳墻」為首，這道菜被列為國宴珍饌之一。福州佛跳墻始於清道光年間，相傳有一偷吃葷的小和尚，平日打掃寺院廟堂，總會把供案上的各種食品倒入瓦罐存放。有一天，小和尚飢腸轆轆，便拿起放滿葷菜的瓦罐，跑到廟外的空地，架起火燜煮起來，想不到這罐大雜燴，竟然味香無比，小和尚便好好地吃了一大頓。過了幾天，小和尚想起如此美味，忍不住又如法炮製。寺廟中的老和尚半夜突然聞到陣陣香味，跟着味道走，發現竟是小和尚在破戒偷葷。老和尚也難敵那瓦罐美食的香味，便也一同大吃起來。此事傳開後，福州各大菜館受到啟發，趁機大做「佛跳墻」菜

式，從此流傳開來了。

另一個比較可信說法，是說在光緒丙子年間，福州一位官員設家宴招待布政使周蓮，官員夫人是浙江人，精通烹調，她將雞鴨豬與紹興酒放入酒壇中密封煨製，上桌時香氣撲鼻，周蓮拍案叫好，讚為此菜只應天上有。周蓮回家後，命家廚鄭春發照樣炮製，鄭春發又在官員夫人的原創基礎上加入了魚翅、鮑魚、海參，成了一道富貴菜，命名為「壇燒八寶」。後來鄭春發自己開了一間聚春園菜館，官員和文人們都來捧場，「壇燒八寶」更是名聲大燥。一日有秀才隨口吟道：「壇啟葷香飄四方，佛聞棄禪跳牆來」，從此「壇燒八寶」便改名為「佛跳牆」。歷史上確有鄭春發其人，聚春園更是由清光緒年間延續至今。今天福州鼓樓區的聚春園已成了一家大酒店，有住宿客房和餐飲，中菜館的招牌菜便是「佛跳牆」。

到福州旅行，當然要到聚春園去試試如此著名的佛跳牆，我們那天只有兩個人，便叫了一盅小的佛跳牆來試試。上桌的是一個幾吋小盅，盪手得很，我們期待那開盅時的奇香，可惜打開小盅後，既無撲鼻之香，湯又是溫的，想是廚房把小盅就此加熱，所以外熱內溫。盅內有一鴿蛋，有一片海參，一個大連鮮鮑，水發魚翅（十條幼翅），一隻冬菇，四分之一個小瑤柱，一小片可能是蹄筋的軟綿綿的東西，以及一小塊根本咬不開的豬肚，湯有紹興酒味，附送味精。這盅承惠幾百元的湯水，使我們邊吃邊懷念香港的食物。

福州人擅長做糟菜，福州紅糟堪稱一絕，著名的菜式有：醉糟雞、淡糟香螺片、煎糟鰻魚、糟汁氽海蚌等。福州有一味傳統名菜

福州荔枝肉
取自「陳家廚坊」系列之《請客吃飯》

荔枝肉，把瘦豬肉做成荔枝模樣，紅豔欲滴，別具神韻。還有一味雞湯氽海蚌，福州長樂漳港盛產一種叫「西施舌」的蚌，用雞湯焯熟，據說是得獎名菜。我們特意到福州著名的老字號安泰樓去吃這道雞湯氽海蚌，每人一盅，盅內飄浮一片蚌，只有港幣五角那麼大，幸好雞湯尚算清甜。

此行我們在福州還吃了醉蟳蚶、福州蠔烙、爆雙脆、醉排骨等經典菜色，我們覺得福州菜的優點是清淡少油，味道帶甜但不過分，雖與台灣菜出自一源，但沒有台菜的稠重芡水，對吃慣粵菜的香港人，也很合口味。

福州有很多百年傳統小食，例如豬肉茸壓薄做皮，雪白晶瑩的肉燕餃，包着肉燥的福州魚丸，芋頭肥肉加番薯粉做的肉丸。福州撈化，是一種在肉和海鮮湯裏燙出來的手工米綫，所謂「猛火快撈，一撈即起」。還有一種叫牛滑，是將牛肉搗爛如茸，在大鍋沸湯中一燙而成，牛滑入口嫩滑彈牙，技巧很高。這些都是福州的著名街頭小食，極具地方色彩，到福州旅行，非試不可，但福州的佛跳牆，就做得不如河南鄭州的二合館了。

──曉嵐──

草頭和苜蓿

　　早春二月，正是草頭當造的季節，香港的上海南貨店會在門口擺賣草頭。草頭是苜蓿的一種，在漢武帝的時期從西域引入。根據司馬遷《史記》第一百二十三卷《大宛列傳》所記載：「宛左右以蒲陶為酒，富人藏酒至萬餘石，久者數十歲不敗。俗嗜酒，馬嗜苜蓿。漢使取其實来，於是天子始种苜蓿、蒲陶肥饒地。及天馬多，外國使來眾，則離宮別觀旁盡種蒲萄、苜蓿極望。」文中並沒有說明漢使是誰，但是從記載中看，這個漢使似乎不是張騫。另有一個說法是貳師將軍李廣利從大宛引入苜蓿。不管真實的故事如何，苜蓿是在漢代從西域傳入中國，應該是沒有異議的。

　　苜蓿原本是作為養馬牧草的一種，營養豐富，多年生長，在北方種植一年可有一到兩次收成，在南方更可以收割三到四次，成語「一勞永逸」，就是來自苜蓿種植，因為種一次便可收成多年。除了作為飼料外，苜蓿種子浸出來的嫩芽（Alfalfa），被西方人用作沙律的蔬菜。中國歷史上也有很多有關苜蓿的飲食記載，華東一帶地區傳統喜用苜蓿上的嫩莖葉來做菜，稱之為草頭。苜蓿營養豐富，含維生素 A、C、K，和礦物質鐵、鎂、磷、鉀、鋅、銅和錳，另外還有纖維、胡蘿蔔素和蛋白質。

　　每年冬天到春天四月，華東地區以至香港的江浙上海餐館，就

會推出名菜生煸草頭。草頭入饌，自古代已經有記錄，是作為一種比較名貴的蔬菜，常在筵席上食用。吃草頭，就要吃嫩，只採摘嫩苗上那三片嫩葉，帶葉梗的就會嫌老。買草頭時，要用手輕輕抓一把，試試有沒有扎手的感覺，完全柔軟的就是新鮮的嫩貨，要不就買一大把回家，耐心地把葉梗摘掉。所以，香港的南貨店，賣草頭恨的是它變老得很快，一老了就賣不出去，風險很高，所以售價並不便宜。

這是關於生煸草頭的傳說：三國時期某年，正是初春二月，吳王孫權為妹招親，設宴款待到來的劉備，席上盡是各式肉類和山珍海味、熊掌、駝峰，大家吃得油膩肚熱，孫權即吩咐廚子，要上一道清淡爽口的青綠蔬菜來調口味。廚子看到廚房中各式魚肉都有，惟獨是沒有青綠的蔬菜，心裏很是焦急。他轉到屋後田間看看，只見一大片的碧綠色的草田，於是就彎腰摘了幾片放在嘴裏嚼了，只覺一股青草味，但無苦澀異味。廚子心生一計，便用手摘了一大把草的嫩葉，回到廚房下重油爆炒了幾下，心中還是怕大王吃得出有草腥味，於是就順手下了些料酒。孫權和劉備吃了之後，大為叫好，居然把這盤草頭全吃光了。這件事很快就傳了出去，江南人從此都愛上了草頭，「生煸草頭」深入民間，更成了酒席上緩和油膩的清爽菜式。

生煸草頭最有特色的是，煸炒完之際還要立即趁熱噴上高粱酒，以前的上海酒家如果用紹興酒噴草頭，就會被講究的食家當場退貨。實際上在江浙菜中，生煸草頭是廚師考核的高難度題目，無

論材料、火候、手勢，以及加油、鹽、酒、糖的次序和速度，錯一項就前功盡棄。至於應否在生煸草頭中放醬油的爭議，是屬於烹調流派性質，很難斷定對錯。但是有一點，現今飲食界很難認同的是油的應用，而正宗的傳統生煸草頭，一定是用三份豬油加一份花生油，引人垂涎，妙哉！

——曉嵐——

生煸草頭

草頭

雪夜桃花

血夜桃花這道菜式，有點像順德的大良炒鮮奶，但是卻有一個很有趣的傳說。話說唐朝永徽六年，唐高宗剛剛立武則天為皇后，這一年的冬天，天不從人願，年邁的唐高宗臥病不起，皇后武則天日夜守在唐高宗病牀前，細心地親自服侍他。轉眼到了初春，御花園中桃花盛開，到處都是淡淡的粉紅色。可是，此時的唐高宗卻是病入膏肓，已經再不能像往年那樣帶領眾妃遊園賞花了。

高宗病榻前的武則天，推開窗戶，只見滿園一片銀裝素裹，明月當空，好一派醉人的美景。武則天就扶起了唐高宗，移步到窗前，高宗臥病已久，看到如此美景，不禁龍顏大悅，拍手稱讚：好一個雪夜桃花！

高宗心情高興，精神也似乎好了些，他感到有些餓了，想要吃飯。武則天見高宗好轉，大喜，立即傳旨御膳房備膳。不一會兒，飯菜呈上，高宗今晚胃口特別好，他指着其中一道以前從未嘗過的菜式，問武則天這叫作甚麼菜，武則天回答：「這個菜是您親口御封的，剛才觀看窗外景色，您不是道出『雪夜桃花』嗎？這是御膳房遵旨做的。」高宗聽罷哈哈大笑，說：「對！對！就是朕封的。」經過這晚，高宗的病也好了很多，所以這道菜便被視為有大吉之兆。從此，每逢唐宮宴會，御膳房都會呈上此道菜。

其實此道「雪夜桃花」的材料，就是蛋白（蛋清）、蝦仁、火腿茸，三種材料的顏色配合起來，粉紅色的蝦仁堆在雪白的蛋白中，灑上紅色的火腿茸，就應了雪夜桃花的意境了。

光是炒蛋白作為「雪」，可以做到「抱雪」，未必能做到「堆雪」，「雪」要堆得起，菜式才有豐盛的美感。順德菜中的「大良炒鮮奶」，就是能堆得起的「雪夜桃花」，看來當時唐朝御廚的急就章，還未想到用上牛奶，或者當時並未有牛奶入饌的習慣。

鮮奶是水質，怎樣可以炸和炒？其實，無論炸或炒，鮮奶中都要加入蛋白和芡粉（粟米粉或生粉）才會凝固，再加上鮮蝦蟹肉之類的配料作為載體，就變得可炸可炒，成為嫩滑可口的菜式。

——曉嵐——

雪夜桃花

河南老陳家的套四寶

　　前文提到，在我們「陳家廚坊」的食譜書中，曾介紹到古籍中的河南菜「盤中一尺銀」（酒糟蒸馬友），乃來自古代河南穎川郡的富貴美食家陳府。

　　陳姓為中華民族大姓氏之一，人口數量在全國排行第五。陳姓起源於古代的河南穎川郡，陳國內亂至滅亡，陳國公的三支子孫避居他鄉，均以故國號「陳」為姓氏，現在陳姓除了在國內和港澳地區是大姓之外，也遍佈歐美及東南亞。

　　在清代，河南出了一位著名的開封衙廚陳永祥，而名菜「套四寶」，就是由這位名廚在傳統菜「套三環」的基礎上改良而成，再由其嫡孫陳景和、陳景旺兄弟繼承和發展了這一絕活。這道菜至今已流傳了兩百多年。

　　「套四寶」是豫菜中的超級大菜，由於製作複雜而需時，想在餐館吃的話，必須提早預訂。「套四寶」的材料是用鴨、雞、鴿、鵪鶉等四種家禽各一隻，去爪、翅膀尖及內臟，然後分別整隻去骨成布袋形，把元貝、海參切丁、冬菇切丁、蝦米、火腿粒、糯米等材料，加入鹽和酒拌成餡料，裝塞入鵪鶉的肚子中，放在沸水中浸出血沫，然後放入鴿肚中，又在沸水中浸出血沫。跟着照此操作放入雞肚以及鴨肚中，把鴨肚的開口紮着，再放沸水中汆透，撈出洗淨。

然後放薑葱在清湯中煮沸，放入套四寶，用大火蒸至爛透，小心地取出套四寶放在上桌的預熱大湯盅中，把蒸盆內的湯汁用紗布濾過，倒在套四寶大湯盅中，淋上紹酒，放入鹽調味，即可上桌。

　　最近，我們有幸在河南開封的「豫錦園」吃到傳統做法的「套四寶」，果然是禽肉香醇酥爛，肥而不膩，原汁原味，鮮甜無比。難怪這道名菜流傳了兩三百年！

——曉嵐——

套四寶

百花爭豔安徽菜

　　在香港，很少接觸到徽菜。2016 年，我們隨國內外飲食界到安徽省，當地著名的飲食集團蜀王集團，在一家私人博物館的古老木結構建築的大堂設宴招待。品嚐正宗的徽菜宴席，令我們印象難忘，也從此對徽菜增加了認識。

　　徽菜是我國八大菜系之一，至今已有一千七百多年歷史。徽菜起源於南宋時期的古徽州，即黃山之麓歙縣一帶。公元 1667 年，清康熙六年，清政府把當時淮揚地區的江南省分拆為江蘇和安徽兩省，以安慶府和徽州府兩府名稱各取一字，成為安徽省。安徽省內有一座皖山，古代曾有個古皖國，所以安徽省簡稱為皖，但安徽省的傳統菜系卻不稱為皖菜而稱為徽菜，這是因為徽菜的產生和發展，都離不開徽州商人當年盛極一時的歷史，安徽人到今天都引以為榮。

　　安徽四季分明，江河湖泊縱橫，土地肥沃，物產豐富。由於唐宋時期徽商的崛起，直到明清時期，徽商雄霸中國商界三百年，資本雄厚，人才鼎盛，幾乎各行各業都有涉足，這使徽菜建立了良好的發展基礎，並迅速地流傳到江蘇、浙江、湖北、江西、福建等省份。長江下游各地徽菜館子無處不在，盛極一時，亦使徽菜發展成東西南北風味兼容，雅俗共賞。由於揚州是徽商集中的地方，所以

徽菜與揚州菜幾百年來都互相影響。

徽菜的口味是鹹中帶微甜，烹調擅長刀工和火候，技巧多樣化，最大的特色是滑炒、煙燻，用砂鍋木炭小火慢燉，湯汁稠醇，注重養生藥膳。安徽九華山是中國佛教四大名山之一，安慶迎江寺的齋菜非常著名。安徽盛產茶葉，如毛峰、綠雪、瓜片、祁門紅茶等，徽菜亦精於以茶葉入饌，茶香撲鼻，同時可去油膩。

徽商史稱「新安大賈」，始於東晉，唐宋時期日漸發展，到了明朝晚期和清朝中期，更是徽商的黃金時代，雄霸中國商界，獨領風騷三百多年。由於徽商長期流通各省各地做生意，所以徽菜一方面保留了徽州地區的傳統地方風味，另一方面也為安徽帶來了其他地方的飲食文化，例如蘇州菜的醃菜和點心、浙江菜的火腿、湖北的湯菜、北方的麵食包子、西北的羊和香料、南方的米飯和東北的泡菜文化等等，形成了一種集大江南北之精粹，又自成一派的菜系。

徽菜中的「皖南風味」源於安徽歙縣，是徽菜的傳統流派。宣城的績溪縣是名人之鄉，更是廚師之鄉，是徽菜的重要發祥地。清末鴉片戰爭後，屯溪（今黃山市）成為皖南山區土特產的集散地，商貿發達，使皖南風味成為徽菜的主要流派。皖南風味菜式講究，並以食來滋補養生。烹調技巧有燒、炒、燴、燉、煨和煙燻，口感講求軟糯酥嫩，濃淡適中，擅長烹調各種河鮮及家禽肉類，並喜以火腿入饌，以冰糖調味。皖南山村的農家菜，在煙燻食物時加入茶葉，別具風味。皖南風味的著名菜式有紅燒頭尾、績溪乾鍋燉、全家福、砂鍋鯽魚、火腿燉甲魚、問政山筍、紅燒頭尾、毛豆腐、清蒸石雞、

徽州肉圓等。很多人說起徽菜，都知道有臭桂魚（醃鮮鱖魚），那就是「皖南風味」的代表作。

另一種「沿江風味」流行於安徽省中南部長江沿岸，包括合肥、蕪湖、銅陵、安慶和巢湖等平原地區，又稱為蕪湖菜，是最早風靡上海的外來菜。當地水資源豐富，是盛產糧食、蔬果、禽畜、水產的魚米之鄉，素有「菜花甲魚菊花蟹，刀魚過後鰣魚來，春筍蠶豆荷花藕，八月桂花鵝鴨肥」之稱。名菜有無為煎鴨、清香砂焐雞、安慶紅燒肉等。而以茶入饌的菜式如毛峰燻鰣魚和茶葉燻雞，以及九華山的齋菜，都是「沿江風味」特色之一。

而第三種徽菜的風味是「沿淮風味」，流行於蚌埠、宿縣、阜陽一帶，特色是樸實、酥脆、鹹鮮、爽口，擅長烹調河鮮和家禽，技巧多元化，尤講究刀工和火候，味道鹹中帶辣。著名菜式有葡萄魚、香炸琵琶蝦，及聞名全國的符離集燒雞。

—曉嵐—

China: The Cookbook 之緣起

偶然的邂逅

2014 年的五月，北京的天氣開始和暖，我們在一間北京的出版社與編輯們一起工作了幾天，這天早上帶着行李來，是因為一會兒就直接去機場飛回香港了。接送我們的司機已在樓下等候，我們拉着行李，走到總編輯李元君大姐辦公室的門口，準備道別。李大姐正在接電話，我們便隨便站在門口等待，反正距離航班還有些時間。李大姐一面講電話，一面急急向我們招手，示意我們進房間去。只聽到大姐跟電話的對方講：「你告訴費頓，不用再找了，這對夫婦作家是最適合了，不找他們，就要成立一組人來做了！」大姐口中的費頓，就是國際著名的英國出版社 Phaidon Press。

李大姐講完電話，告訴我們說這個電話是她女兒由美國打來的，她女兒在美國做出版工作。她女兒說 Phaidon Press 出版了一套國際食譜大系列，每年為一個不同的國家出版代表該國家的經典食譜書，並以國家名稱為書名。當時已經出版了好幾個國家的書，Phaidon 很重視中國菜這一本，但花了很長時間都找不到合適的作者，所以開始焦急了，便拜託李大姐的女兒，向她身為國內著名出版人的母親求助。

我們在李大姐的催促下，匆匆用電腦寫了我們的英文簡介給大

姐，便立即下樓趕着去北京機場了。

回到香港後，我們並沒有把這件事放在心上，一切如常。大約一個星期之後，Phaidon 電郵給我們，算是直接聯繫上了。又過了幾天，家裏收到 Phaidon 由英國寄來的一個大箱子，裏面是厚厚的這個國際食譜系列的書，包括法國、印度、泰國、秘魯、意大利、希臘、黎巴嫩等國家的食譜書。於是，我們便回寄九本我們已經在香港出版的食譜書給 Phaidon。當時我們對情況不大了解，也無心思去了解，因為總是覺得，Phaidon 沒有可能選中我們。

大約八天之後，收到 Phaidon 高層的電郵，說他們已選定我們作為這個系列的中國菜食譜書的作者，要求簽合同。我們感到很詫異，不大敢相信這間歷史悠久的國際知名出版社，真的邀請我們來撰寫這本食譜書，而書名是 *China: The Cookbook*。

後來聽 Phaidon 的編輯說，他們為了出版這本中國菜食譜書，在各地尋找合適的作者，已經耗費了幾年時間，其間也有很多名人名廚想寫這本書，當北京的朋友推薦我們時，他們便派人在香港打聽我們。Phaidon 收到我們寄去的書後，立即在英國找廚師試做，大家都覺得我們的食譜份量非常精準，而且菜式很美味，編輯部便立即與出版社高層研究，很快便一致通過邀請我們寫這本 *China: The Cookbook*。

拉開序幕

跟着，便是雙方商討合作細則，直到簽正式合約，雙方都未見

過面，一切在電郵上商量。而其間，我們的確推辭了兩次，這是像 Phaidon 這樣的國際超級出版社從未遇到過的事。

首先 Phaidon 要求我們在十二個月完成撰寫八百個食譜（後來因為在排版的時候書實在太厚而減至六百五十個食譜），我們算了一下，寫作加上拍攝圖片，時間上根本沒有可能完成，於是告訴 Phaidon 我們無法做到。

這本書原來早已計劃排在 2016 年秋天出版，並作為 2016 年十月法蘭克福書展的重頭戲。Phaidon 希望可以達成此安排，所以只能給我們一年寫作的時間。

Phaidon 回覆我們，這本書由他們負責在歐美拍攝圖片，我們只負責寫作。雖然光是寫作的時間，也是很緊迫，幸好我們家有豐富的食譜資料檔案，我們有信心可以在十二個月內完成寫作和試驗菜譜。

因合約版稅未商定好，我倆把這事放下，轉身就開始計劃八月去美國看外孫女兒了。幸好，還未訂好機票，聯合出版集團的前董事長陳萬雄先生，知道了我們拒絕給 Phaidon 寫書這件事，立即約我們見面。陳萬雄先生是我們的好朋友，大家時有飯聚，這次他是第一次如此嚴肅地約我們見面。

我們首先大概地介紹了情況，我記得陳先生說：你們知道 Phaidon 是怎樣規模的出版社嗎？我回答說知道它是著名的國際出版品牌。陳先生說，集團多年來一直都希望與 Phaidon 合作，但都沒遇到機會，今次 Phaidon 邀我們寫書，而且是在這套重要的

國際食譜系列中代表中國菜，將會在全球以多種文字發行，這對於弘揚中國飲食文化，意義十分重大。陳先生力勸我們不要拒絕Phaidon，而且再三肯定地說，相信我倆的能力，一定能完成這部大書。陳先生更說，如果他是 Phaidon，根本不會作他人之想，因為我們集英文寫作、中國飲食文化研究、廚藝及多年的著書經驗於一身，是最最適合的作者，如果能成事的話，也是我們香港人的驕傲。

陳先生的一番話，使我倆認真地重新思考，也感到這是我們人生中難得遇上的機會，但是既然推掉了，就靜待對方的反應吧！

Phaidon 方面沉默了七天，給我們發來了電郵。我們深深地感到了對方的誠意，同時還有另外的一個考慮：中國的食譜書在國際出版市場所佔的份額很小，只有些地區性的書，而且部分是外國人寫的，出於一種推廣中國飲食文化的使命感，我們便回覆 Phaidon，表示同意了。

機會總是留給有準備的人，幾十年來陳家兩代人的飲食知識和廚藝經驗，累積了大量寶貴的資料，使我們有足夠的底氣，去接受挑戰，撰寫這本大書。

China: The Cookbook 之成書

內容和定位

Phaidon 致力於出版一套國際食譜大系列，要求書中內容是介紹各國傳統而有代表性的食譜，而他們希望代表 China 這一本，要介紹中國的八大菜系。我們回饋的意見是，既然書名是 China，那麼，內容就不應只有八大菜系，應該盡量涵蓋全中國的省、自治區、直轄市和特別行政區，哪怕有個別地方，飲食方面比較簡單，也是必須介紹的；而且，據我們所知，目前為止（當時）並沒有一本這樣集中全國各地飲食文化的食譜書。這個意見為 Phaidon 編輯方帶來驚喜，他們馬上同意了。

由八大菜系變成全中國各地的飲食，身負重任（也是自尋煩惱）的龐大工作量，正式開起來了！

寫好一本書，首先的考慮是市場定位。作者寫書的目的是為了給讀者看的，凡事要站在讀者的角度，而不應該光從自己的角度去考量。*China: The Cookbook* 主要不是一本給中國人看的書，它將會以多種不同的文字出版發行，面向的是全球五大洲不同種族、不同語言、不同生活習慣的讀者，他們絕大多數人未到過中國，對中國不了解，吃中菜也只是去各地唐人街的中餐館。他們不明白中國的飲食文化，更沒有機會煮他們認為很難學上手的中國菜。但是，將

來會買這本書的人，一定喜歡吃中餐，並對這個古老的東方大國的飲食充滿了好奇。

中國的飲食文化，已經走過了四五千年的歷史，菜餚品種之多，文化沉澱之豐富，味道之複雜多樣，為世界飲食之冠。中國是一個幅員廣闊的多民族國家，由於受地理、氣候、文化傳統等影響，形成了各地風味獨特的菜餚，而這些菜餚經過了長時間的考驗，仍然廣受當地人的歡迎，並一代一代地承傳下去。這些充滿地方氣息的菜餚，以省份為廣義劃分，就形成今天的「菜系」。為了在書中介紹全國各地三十多個省、自治區、直轄市和特別行政區的不同飲食文化，以及當地的傳統食譜，我們進行了大量資料搜集、研究和重整工作。

除了介紹飲食文化，更重要的是，這是一本每個人都可以拿着在家做菜的食譜書，為了滿足更多不懂中菜的外國讀者的需要，書中幾百道菜式必須做法簡單，材料和調味料絕大部分都可以在外國超市買到，這對我們來說，是個不小的挑戰。結果，為了符合這個要求，我們從一千二百多個分佈在全國的食譜中，選出八百個較為合適的食譜，最後書中用上了其中的六百五十個。

真正進入工作了

為了應付繁重的研究和撰寫工作，我倆的書桌旁，筆記、參考書及各式資料，疊起來有近一米高。我們每天清早五點多起牀看參考書和寫作，一直到中午，因為這是一天之中頭腦最清醒的寶貴時

間。中午後，曉嵐便去市場採購，每天要為兩至三道菜測試味道、量度份量，我們必需把所有新舊食譜重新測試一至三次，還要經常請朋友們來試味道，吃不完的請立即打包走。八百個食譜，足足測試了大半年！

在工作的這一年間，我們還同時要完成一本早前承諾的食譜書《美食·簡易快》的撰寫和拍攝工作，現在想起來，自己都不敢相信。沒有工作室，沒有助手，上午寫作，下午和晚上作測試和記錄，我們兩個上了年紀的人，一鼓作氣埋頭工作，體力和腦力消耗之大，不為外人所道。一年下來，累傷了眼睛和手腕，留下了各種病痛，這是後話了。

八百個食譜分四個批次交給 Phaidon，我們每批都按要求準時電郵到英國給他們，沒有一天延誤，中國人守時守信，這就是我們一貫的工作作風。當前三批食譜交付後，心情就輕鬆多了，我們決定休息一下，便帶着電腦，與家人一起去歐洲郵輪旅行，邊工作邊休息，第四批食譜的最後完成，是在歐洲的海上。由於要傳的檔案很大，在船上發不出去，結果第四批食譜，是在丹麥的哥本哈根機場的候機室，用電郵全部發出，半天也不差，準時交稿。後話一句，交完了食譜的稿，要做的第一件事，就是立即為紀臨的眼睛做了白內障手術。

與編輯的工作互動

Phaidon 的編輯 Michelle 與我們幾乎每天都有電郵往來，商討

很多細節問題，她有疑問的地方，一字一句都要問個清楚，有時我們也有不同的意見，需要耐心地解釋。雙方的工作都很認真，我們也從中認識到他們的工作方法，獲益良多。

為了使外國人更容易明白，Phaidon 要求我們的食譜在烹調上完全量化，例如中國人一定知道勾芡（打獻）兩個字是甚麼意思，但在這本書中，就要寫為：「用一湯匙生粉，拌入二湯匙水，拌勻，倒入菜式中，炒勻煮沸⋯⋯」，又例如中國式煎魚：「煎至金黃，就翻到另一面再煎」，所有人都會明白，但這本食譜就要寫明，要用甚麼溫度的油，放下魚煎多少分鐘，把魚翻過來，再煎多少分鐘。

於是，全部食譜都要重新修正改寫，我們必需用溫度計和計時器，逐一再測試油溫和時間。這又是一個龐大的工作量，疲倦到死去活來，終於用兩個月完成了這個大改動。

另一個就是翻譯上的爭論，例如材料中的紅豆，我們英文用 red bean，而美加和歐洲習慣用日本的 azuki，我們堅持用 red bean，因為這是中國菜。又例如，做北京炸醬麵要用甜麵醬，我們英文用 tianmianjiang，但編輯不同意，她跑到當地的亞洲超市，買了一瓶甜麵醬，拍了個照片給我們看，瓶上果然是 bean sauce。我們告訴她，甜麵醬是用麵粉發酵加味製成的，份量中根本沒有黃豆，而 bean sauce 是另一種醬料，是用黃豆發酵的廣東麵豉醬。不管生產商家們怎樣翻譯甜麵醬，但我們不能誤導讀者。最後，我們與編輯商量後決定，甜麵醬的英文名是 tianmianjiang。

由於東西方的習慣不同，以上類似的例子很多，我們和編輯為

解決這類問題，一起又奮鬥了一個多月。我們雙方決定，再為這本書增加一個欄目 Glossary，就是名詞的解釋，一下子又增加了十四頁。為了撰寫此欄目，已身心疲憊的紀臨，又再加了多少個不停工作的日與夜。每天與 Phaidon 編輯通電郵，都暗自祈求這是最後的一次大改動了！所以，你們明白為甚麼這本書，犧牲（被逼刪走）了一百五十個食譜，最後成書只剩下六百五十個，但仍然有七百多頁厚，和 2.1 公斤的重量。

到了後期，這本書完全進入出版社的設計工作，Phaidon 很重視這本書的出版，他們聘請了世界頂尖的設計師來設計封面。這一位瑞士的著名女設計師，每年只會設計兩本書，世界上各大出版社都會送重要的書任她挑選，而這一年，她選擇了設計 *China: The Cookbook*。

沒有奪目的大紅，沒有金色的龍和鳳，這本書的設計，用的是清雅的青瓷色 Celadon 和暗暗的瓷器紋，包住了書的封面、封底，書邊像《聖經》那樣包上金色，封面上的筷子，代表了中國菜，整本書的設計，表現了中國這個文明古國的高貴和文化深度。看着這令人讚歎的絕美設計，我們對這位設計師女士充滿敬意和感激，是她，為我們嘔心瀝血生出來的兒子，披上了最美好的衣裳，若用「錦上添花」這句形容，也顯得太俗氣了！

終於出版了

2016 年 9 月，*China: The Cookbook* 出版了，它是整套國際食

譜系列中第十個國家的食譜。當我們第一次，見到這本和 Phaidon 的編輯們共同努力了兩年完成的傾力之作，沉甸甸地抱着，淚水奪眶而出。孩子啊，你的到來，真的不容易！

德國法蘭克福書展，是國際上最重要的出版業版權交易展覽。2016 年 10 月，Phaidon 的攤位一如往年，巨大而位置優越，而這一年，青瓷色的 *China: The Cookbook* 佔了一大半位置。這是第一次有中國作者的書，登上如此榮耀的位置。這本書在書展上得到業界的一致好評，法文版、德文版、中文及其他幾種文字的譯本版權，基本上敲定。

感謝所有為這本書付出辛勞工作的人，感謝我的國，是您五千年的深厚飲食文化歷史，給予這本書豐盛的內容，是您日漸強大的國家影響力，讓這本 *China: The Cookbook* 站上國際書展殿堂級的位置，在芸芸大書中，脫穎而出，光彩奪目！

China: The Cookbook

China: The Cookbook 德文版

China: The Cookbook 之走遍世界

新書的發佈路演

我們和 Phaidon 簽訂的合同中有一項條款，就是作者有義務協助出版社作市場推廣和宣傳活動。這條款在一般出版社合同都會出現，我們簽訂當時估計是要接受報紙雜誌的採訪，舉行新書發佈會，甚至可能要到倫敦參加一些宣傳活動。然而，原來出版社為我們安排了一個跨越四個洲、五個國家、八個城市的國際宣傳之旅，全程由 Phaidon 派公關公司的人陪同。後來我們從出版社得知，他們一般的新書出版活動，大都集中在當地或附近的幾個城市，如此大規模的跨地域跨國的宣傳推廣活動是第一次，顯示了他們對這一本書非常重視。

整個宣傳推廣的活動在 2016 年 10 月中由香港開始，再到溫哥華，繼續往西雅圖、三藩市、紐約、倫敦，回港稍作停留後，跟着再往墨爾本和悉尼，全部旅程超過五萬公里，差不多覆蓋了大部分英語國家，新西蘭則於我們在澳大利亞時通過電台採訪，而新加坡則經過文字和電郵來溝通。原來的計劃還包括洛杉磯和波士頓，但因行程緊密，無法安排。回到香港後，菲律賓又邀請我們去，但實在太疲倦了，便婉拒了。

在各國巡迴路演的活動，包括新書發佈會、示範、演講、簽名

會、出席各種宴會，以及不斷接受媒體採訪，算下來有超過一百多次，平台包括電視台、電台、網站、報章和雜誌，我們需要不斷地回答大量海外媒體提出的問題。回到香港後幾個月內，仍有十多次通過電話和視頻的採訪，包括一個在美國威斯康星州的除夕夜直播採訪。

在香港，我們習慣了看電視和互聯網，除非有特定的節目，很少收聽電台廣播，可是在美國這種面積大、人口分散的地方，電台的影響力卻無遠弗屆，採訪我們的電台，一般都有聯盟的電台，由幾十個到幾百個不等，信息就由這些聯盟電台傳播到各地，接觸到更多的人，效果可能比電視更為顯著。電台的採訪有長有短，短的十多分鐘，長的達半小時。我們最滿意的是紐約的 Heritage Radio Network，採訪有半小時，話題很有深度，由中國古代至今天的飲食文化，是一次難得的電台採訪經驗。

我們在世界各地接受採訪的形式都不一樣，在美洲西岸，包括溫哥華，採訪大多數是在酒店大堂、房間內或電話進行，在紐約則要到錄音或拍攝的機構，比如 FOX Radio，也就是說，我們要跑來跑去，在路上花了不少時間。倫敦的安排特別有意思，除了有些採訪要在 Phaidon 總部，或者有些示範採訪外，出版社另外租用了一個專業錄音室，安排在英國各地的英國廣播公司 BBC 分公司或其他電台打電話來採訪，可以排隊接受多個採訪而不用跑來跑去，省時省力，是很好的安排。在澳大利亞，除了個別在不同的地方外，大部分的採訪，包括澳大利亞廣播公司 ABC，都在一棟多層的大建

築物內進行，裏面分成多個錄音室，我們來往遊走在多個錄音室之間，運動量也不少。幾小時內接收了十五個電台的錄音或直播，我們的聲音走遍了好幾千里呢！

這一次跨國宣傳活動，確實令我們開了眼界。我們首次感到西方人對中國菜和文化的好奇，當然，也感受出他們對中國的不了解。我們常常會被問到一些稀奇古怪的問題，例如「中國不是很窮的嗎，哪裏有錢吃這麼好的菜？」或者，「中國真的有那麼多省份嗎？」等等，我們反應很快，不假思索，自信而智慧地回答了這些問題。

另外，很多問題是關於做中國菜需要用的廚具和醬料，又有不少人想知道中菜和西菜的分別，但是問得最多的問題是：「你能夠教我做一道中國菜嗎？」其實在出發前，出版社已經提醒我們會有這個問題，我們為此提前作了心理準備，因為要考慮的因素實在太多。首先是時間，因為示範或採訪一般只有很短的時間去講一道菜，同時又要聽眾／觀眾能夠接受，更希望能通過這個機會，消除不少外國人對中國及中國菜的成見和疑慮。

我們最後選定了炒黃埔蛋，材料就手，簡單而容易做，三言兩語就可以講清楚做法，又能表現出中國人烹調的思維、對材料的科學分析及處理方法，和烹飪的技術。西方人都有吃炒雞蛋的習慣，只是做法和我們不同，家裏也常備雞蛋，估計很多聽眾會回家試試做這一道中國菜。

行程的第一天，我們便有機會示範這個菜式，地點是溫哥華的

澳洲的新書發佈會

英國倫敦 **BBC** 記者採訪

在澳洲墨爾本的路演

一家專賣食譜書的書店，地方很大，書架上擺滿了全世界用英文出版的食譜書，包括我們的新書。店內還設有一間開放式廚房，一張長長的 Chef Table，前面放了九、十張椅子，都坐滿了人，有幾個遲到的客人便站在後面，估計都是這書店的常客，因為和店主都很熟稔。我們解釋了儒家「和」字的概念，就是一個盤子裏的所有食材、味道和顏色，都混合在一起成為一個整體而達到「和」的效果。跟着我們又分析了雞蛋黃和蛋白的成分，以及分別處理的方法，然後用熱油無火的辦法，炒出一盤香、酥、嫩、滑的炒雞蛋。

在行程的第二站，美國的西雅圖，我們被邀請參加當地電視台的一個飲食節目，當然也要露兩手。為了增加趣味，在黃埔炒蛋的基礎上，我們加了蝦仁，變成了滑蛋炒蝦仁。結果滿室皆香，充滿了香味，從觀眾的表情，我們覺得這是一次很成功的示範。

我們到的每一個城市，都安排了一頓和客人交流的午宴或晚宴，選擇的地點都是當地有名氣的中菜館，例如三藩市的 Fang Restaurant、紐約華道夫酒店的 Le Chine、墨爾本的 Flower Drum 等，由當地廚師從我們的新書演繹出當天的菜式，中外客人都有，是非常好的交流機會。

出版社還為我們安排了幾次演講，包括在加州的 CIA 美國烹飪學院，紐約的 International Culinary Center 和在墨爾本的 Ringwood Library。可惜後來因為路途太遠，取消了美國烹飪學院的演講。在紐約的演講很有意思，給我們的題目是：「如何寫一本食譜書？」原來很多烹飪學生都夢想將來寫一本自己的食譜書，希望向我們討一

些寫書秘訣。我們向他們提出幾點請他們考慮，首先是為甚麼要寫書，是為自己寫或為讀者寫的？然後是書的市場定位，最後是挑選一家合適的出版社。從聽眾專注聽講和密密寫筆記的情況看來，我們提出的幾點對他們以後應該有幫助。在 Ringwood Library 的聽眾很多，當地的中國餐館還根據書中的食譜做了幾個點心，包括炸蝦棗，非常受聽眾歡迎。

旅程中有幾個有趣的小插曲。我們到了紐約，走到路邊忽然停下了，接待我們的公關經理覺得很奇怪，問我們為甚麼要停下來。我們指着路邊的交通燈說：「你沒有看見這是紅燈嗎？」那一位經理笑得上氣不接下氣，說：「難道你們不知道這是紐約嗎？」我們香港人習慣了守法，沒有想到在這聲稱法治的國家，可以肆無忌憚地違反交通規則。

另外有一個小插曲。在我們離開香港去澳大利亞前，看了天氣預報，說墨爾本的溫度是攝氏三十一度，所以我們把行李裏面的衣服都換成夏天衣服，殊不知在墨爾本下了飛機，氣溫只有十二三度，還要站在露天等安排好來接的車子，我們兩個人一下子都着了涼。問了在澳大利亞的朋友，才知道原來墨爾本是出名的一日四季，我們下飛機的時候剛好是冬季。後來 Phaidon 的經理帶着我們跑遍了很多家商場，為曉嵐買到全市最後一件冬衣，才勉強挺了過來。不過她還是感冒咳嗽了，堅持帶着病完成了幾天的宣傳活動，笑臉迎人，但聲音完全沙啞了。

翻譯成不同文字

兩年多過去了，*China: The Cookbook*，我們寫的英文版暢銷全世界各大城市，德文版已出版銷售，其他幾種文字，包括中文版本的翻譯工作仍在進行中，將會在不久的將來，陸續出版發行。我們期待，*China: The Cookbook* 能帶着我們美好的心願，飛到世界上每一個角落，讓那裏的人們認識中國菜，認識中國文化！

隨着 Phaidon 以每年一個國家的速度豐富整套國際食譜系列，*China: The Cookbook* 也被世界各主要國家及大學的圖書館永久收藏。百年之後，或幾百年之後，人們會看到 *China: The Cookbook*，作者是誰已無人認識，也不會知道作者是來自中國香港，但它永遠代表着我們作為中國人的驕傲！

附錄

《記者故事》序 [①]

　　中華民族是富有歷史觀念的民族，所以史學發達甚早。自周代共和元年（公元前八四一年）開始已有逐年記敍大事的編年史，一直紀錄至現代，前後綿歷二千八百餘年未曾間斷（《史記》十二諸侯年表由周共和元年起逐年記載各國大事，以後各正史的本紀相繼逐年記載）。這是全世界其他民族所無的。

　　中國史學首重記事，史家務求洞察明辨事實的真相，而加以確切地敍述，當下筆之際，態度莊嚴，常為維護一字之真而與權勢鬥爭，甚至不惜犧牲生命。所以齊太史、晉董狐成為史家的典範。

　　歐洲近代史學的蹊徑與中國不同，它看重歷史的解釋與綜合，從解釋與綜合中建立理論，進而尋求歷史的定律，以為非如此不足以稱史學，記事只不過史料而已，並非史學。由於此一錯誤觀念流佈，使一般西方學者，認為中國只有史料而無史學。殊不知歐洲史家之所謂理論與定律，只是就其個人所掌握的資料及其心智所及而得出的推論而已；人類史料浩瀚，一人所能掌握的不過一極小部分，個人的心智思慮，又必為時代觀念所局限，故憑局部的資料、

---

① 《記者故事》一書，坊間久難尋覓，故錄孫國棟先生當年序言，可見父親之傳奇生平與卓絕風骨。

一人的心智，而欲指出全人類發展的定律，斷斷乎不易。所以前一人所建立的理論，不旋踵即為後一人所推翻，故歐洲近代的史學論著，很難垂之久遠。

中國史學上的鉅著，既以敍述事實的真相為主，故史學家的心智，不旁騖於空虛的理論，而灌注於探求史實的真相，真相既得，著在簡冊，於是昭如明月、凜若山河，歷久而不廢，中國幾千年的人物事跡，原原本本，歷歷可見，此不但可以鑒往知來，而且可以喚起民族的深情，凝固民族的力量。中國民族所以能繩繩五千年，史學實有重大的貢獻。故中國重視記事的史學精神，實蘊含着一番大智慧。這是歐洲近代歷史學者所未能領會的。

中國史學既重記事，所以凡能真實地記述一時的政治、經濟、社會、文化、人物等事跡的，都成為歷史學者選取採摘的好資料，都有意義與價值。

《記者故事》一書，是名記者陳夢因先生五十年來所親見親歷事跡的真實紀錄。夢因先生的生活多姿多采而充滿傳奇。當一九三六年，日寇入侵綏遠，中日大戰於百靈廟，夢因先生聞風奮起，隻身由香港直奔塞外，在綏遠各地，冒鋒鏑之險，採訪抗日戰爭中的可歌可泣的事跡，寫成《綏遠紀行》一書，一時名噪海內外。其後又在蒙古晉陝一帶採訪，報導西北風光。迨七七抗戰軍興，足跡更遍及西南大後方。抗戰勝利後，返廣州策劃星島報復刊。及廣州易手，乃轉任香港《星島日報》總編輯。夢因先生思想敏捷，聞見博洽，交遊廣闊，而又樂於助人，所以《記者故事》的內容非常豐富──有戰

時大後方的生活、桂林撤退的情形、香港陷日的經過、戰時藝人之困境、勝利復員之描述、戰後廣州和香港報人的境遇、體壇人物的動態，或述採訪方法，或述辦報經驗，或寫官場秘密，或寫人物風采，或發人物之潛德幽光，或對時事作不平之鳴……凡此種種，皆可為五十年來社會作見証，為此動盪的大時代保留不少珍貴資料。

我認識夢因先生雖晚，但接觸夢因先生的聲光則甚早。大約三十七年前，我在香港《中南日報》主筆政，在報端時時讀到夢因先生的文章，又從報界同事口中，獲知夢因先生的行誼，我心儀其人而未識荊。一直到一九八七年在美國加州才初度晤面，以後時相過從。夢因先生雖已八十高齡，而豪情慷慨、古道熱腸，他自況為五湖四海人，與之相交，如親接古代的俠士，有肝膽照人之感。現在他的新作出版，讀者必會接觸到一充滿熱情又內涵豐富的真生命！

孫國棟

一九九一年十月

於美西加州